Helfenberger Annalen
1891.

Herausgegeben

von der

Chemischen Fabrik

EUGEN DIETERICH

in

Helfenberg

bei Dresden.

Springer-Verlag Berlin Heidelberg GmbH

1982

ISBN 978-3-662-33565-9   ISBN 978-3-662-33963-3 (eBook)
DOI 10.1007/978-3-662-33963-3

INHALTS-VERZEICHNIS.

A. Praktischer Teil.

B. Analytischer Teil.

VORWORT.

Von Jahr zu Jahr gewinnt die schon seit Bestehen der hiesigen Fabrik von uns vertretene Ansicht, dass es notwendig ist, an die galenisch-pharmaceutischen Präparate höhere und bestimmtere Anforderungen als bisher zu stellen und dementsprechend Untersuchungsmethoden für dieselben vorzuschreiben, immer mehr an Boden.

Wenn sich die meisten Arzneibücher trotzdem auch gegen als brauchbar anerkannte derartige Untersuchungsverfahren bis jetzt ablehnend verhalten haben, so dürfte dies zum Teil auf die verschiedenen Ansichten, welche über die Vorzüge der einen oder der anderen für denselben Zweck vorgeschlagenen Methode bestehen, zurückzuführen sein. Wir erinnern hier nur an die Alkaloidbestimmungsmethoden für Extrakte.

Da eine Klärung der Ansichten nur durch möglichst zahlreiche, durch Zahlen erhärtete Veröffentlichungen herbeigeführt werden kann und da ferner auf diesem Gebiete noch sehr viel zu erforschen ist, so haben wir uns auch im letzten Jahre eingehend mit entsprechenden Untersuchungen beschäftigt und erlauben uns, mit den Resultaten in den vorliegenden Annalen an die Öffentlichkeit zu treten.

Ausser den soeben angedeuteten Mitteilungen aus dem analytischen Laboratorium enthalten die Annalen wie bisher auch Arbeiten praktischer Natur.

In der Anordnung des Stoffes ist nur insofern eine Änderung eingetreten, als wir die praktischen und analytischen Arbeiten in je einem besonderen Abschnitte behandelt haben. Innerhalb dieser beiden Abteilungen haben wir die alphabetische Anordnung nach Möglichkeit beibehalten.

Im praktischen Teile möchten wir besonders auf die Arbeit über die Herstellung von Kantharidin und Spanischfliegenpflaster aufmerksam machen. Unter den verschiedenen grösseren und kleineren im analytischen Teile enthaltenen Arbeiten sei hier auf eine umfangreiche Arbeit über Identitätsreaktionen von Extrakten und auf zwei Arbeiten über Jodzahlen noch besonders hingewiesen. Ferner erlaubten wir uns, wieder verschiedene, in den Rahmen dieser Annalen passende, von anderer Seite veröffentlichte Arbeiten zu besprechen und an der Hand von Versuchen einer Kritik zu unterwerfen.

Um einen übersichtlichen und leichten Vergleich der in den letzten Jahren bei den laufenden Untersuchungen erhaltenen Werte zu ermöglichen, haben wir bei jedem Artikel die niedrigsten und höchsten Zahlen der letzten 3—6 Jahre zusammengestellt.

Durch die jedesmalige Aufnahme der zur Kontrolle des hiesigen Betriebes ausgeführten Untersuchungen ist eine gewisse Ähnlichkeit zwischen den verschiedenen Ausgaben der Annalen nicht zu umgehen; dieselbe dürfte aber im Hinblick darauf, dass es nur mit Hilfe eines grossen Zahlenmaterials möglich ist, zuverlässige Durchschnittswerte zu erhalten, als nebensächlich erscheinen. Ja, wir halten es sogar aus dem schon eingangs erwähnten Grunde für durchaus geboten, möglichst viel Zahlenmaterial für die Beurteilung der galenisch-pharmaceutischen Präparate beizubringen, und dies um so mehr, als das Feld bis jetzt fast vollständig dem nicht offiziellen Fleisse überlassen bleibt.

Die stetig wachsenden Anforderungen, welche infolge der fortwährenden Vermehrung des Fabrikbetriebes die Untersuchung der Rohstoffe und der eigenen Fabrikate an unser analytisches

Laboratorium stellte, ferner die zahlreichen Versuche, welche die abermalige Neu-Auflage des Dieterich'schen Manuals erforderte, nahmen alle Kräfte so sehr in Anspruch, dass das Erscheinen der Annalen überhaupt in Frage stand. Dass die Ausgabe schliesslich noch ermöglicht wurde, verdanken wir in der Hauptsache dem hingebenden Fleiss und dem warmen Interesse, welches der Leiter unseres analytischen Laboratoriums, Herr Dr. Fr. Schmidt, in dankenswerter Weise der nicht kleinen Aufgabe widmete.

So mögen denn die Annalen 1891 eine wohlwollende Aufnahme finden und den bis jetzt noch viel zu sehr von offizieller Seite vernachlässigten galenisch-pharmaceutischen Präparaten die ihnen zukommende Beachtung erringen helfen.

Chemische Fabrik in Helfenberg bei Dresden,

Eugen Dieterich.

A. Praktischer Teil.

Die Herstellung von Cantharidin und Spanischfliegenpflaster.

Unser erstes Verfahren zur Gewinnung von Cantharidin aus spanischen Fliegen*) bestand darin, die gepulverten Canthariden mit Alkalien zu behandeln, den alkalischen Auszug behufs Trennung des Oleates vom Cantharidat zu dialysieren und aus dem dialysierten Cantharidat durch Zerlegung mit Säure das Cantharidin zu gewinnen. Die Schwierigkeit des Eindampfens von grossen Mengen Flüssigkeiten, wie sie die Dialyse bedingt, war Veranlassung für uns, nach einem vereinfachten und leichter ausführbaren Verfahren der Herstellung zu suchen. Bereits ein Jahr nach unserer ersten Veröffentlichung, also im Jahre **1881**, erreichten wir unser Ziel. Nach dieser neuen Methode stellten wir **11** Jahre lang das Cantharidin fabrikmässig her. Da das Cantharidin jetzt mehr als früher im Vordergrund des Interesses steht, glauben wir unser nach jeder Richtung hin bewährtes Verfahren der Öffentlichkeit übergeben zu sollen.

Der Herstellungsgang besteht im allgemeinen darin, die gepulverten Canthariden mit Säure zu behandeln, mit Essigäther auszuziehen, den eingedampften Auszug mit Petroleumäther zu entfetten, dann mit Weingeist von den harzigen Farbstoffen zu befreien und schliesslich das so erhaltene Roh-Cantharidin durch Umkrystallisieren zu reinigen.

*) Pharm. Centralh. 1880, **11**, 87.

Herstellungsverfahren

1000,0 mittelfein gepulverte chinesische Canthariden
übergiesst man in einer Steingutbüchse mit einer aus

20.0 Schwefelsäure .v. 1.838 sp. Gew..
1500,0 Essigäther v. 0,902 sp. Gew.

bestehenden Mischung. arbeitet das Ganze mit einer zu diesem
Zweck bestimmten Holzkeule durch und lässt es 2 Tage ruhig
stehen. Man mischt sodann

40,0 Baryumkarbonat

gleichmässig darunter, bringt die so behandelten Canthariden
in einen mit Rückflusskühlung versehenen Ätherextraktions-
apparat und extrahiert sie hier mit

q. s. Essigäther v. 0.902 sp. G.

Wenn das Pulver erschöpft ist. destilliert man sowohl von
den ausgezogenen Canthariden als auch vom Auszug den Essigäther ab. Den aus letzterem gewonnenen Rückstand. der Fett.
Harze und Cantharidin enthält, bringt man in eine Porzellanschale, lässt 8 Tage ruhig stehen. um dem Cantharidin Zeit
zum Auskrystallisieren zu gewähren. übergiesst ihn dann mit

200,0 Petroleumäther v. 0,740 sp. G.

und erwärmt die Mischung vorsichtig im Wasserbad, jedoch
nur so lange. bis sich das butterartige Fett vollständig gelöst
hat. während das Cantharidin. das leicht an der Krystallform
zu erkennen ist, auf dem Boden der Schale liegt.

Man filtriert sofort durch ein Faltenfilter. wascht das auf
dem Filter verbliebene Cantharidin noch 2 — 3 mal mit je

30.0 warmem Petroleumäther v. 0.740 sp. G.

nach und bringt sodann das entfettete Cantharidin in die
Schale zurück. Man zerreibt es zu Pulver, übergiesst es. um
die noch vorhandenen harzartigen Farbstoffe zu entfernen. mit

300.0 Weingeist von 90 %.

erhitzt im Dampfbad bis zum Sieden. bedeckt die Schale mit
einer Glasplatte und stellt sie sodann zurück. Am andern Tag
bringt man den Schaleninhalt auf einen mit Watte verstopften
Trichter, wäscht den Krystallbrei nach dem Ablaufen der
Flüssigkeit mit

20,0 Weingeist v. 90 %

und dann mit

20.0 Äther v. 0,720 sp. G.

nach.

Das so erhaltene Cantharidin ist nahezu weiss und hinreichend rein, um als Zusatz zu Pflastern u. s. w. zu dienen.

Für den Verkauf muss es umkrystallisiert werden.

Man bringt zu diesem Zweck

15,0 Roh-Cantharidin,
1,0 gereinigte Knochenkohle,
150,0 Essigäther v. 0,902 sp. G.

in eine Kochflasche, welche mindestens 500 ccm fasst, passt mittels durchbohrten Korkes eine enge Glasröhre von ungefähr 1 m Länge auf und setzt die Flasche in ein Wasserbad von 40—50 ° C. Man lässt hier den Flascheninhalt wenigstens 2 Stunden lang sieden, filtriert dann die heisse Flüssigkeit durch ein mit Essigäther angefeuchtetes Papierfilter. Das nicht gelöste Cantharidin und die Kohle lässt man möglichst in der Flasche zurück: das Filtrat lässt man in ein Becherglas, das in heissen Sand eingebettet ist, einlaufen. Nach Abtropfen des Filters bedeckt man das Becherglas mit einer Glasplatte und stellt das Ganze an eine warme Stelle, um zur Erzielung hübscher Krystalle die Abkühlung zu verlangsamen. Am andern Morgen bringt man das dem Sandbad entnommene Becherglas an einen recht kalten Ort (Eiskeller) und lässt es hier 24 Stunden. Man kann annehmen, dass nun alles Cantharidin, soweit dies ohne Verdunsten von Essigäther möglich, auskrystallisiert ist. Man giesst sodann die Mutterlauge in die Kochflasche zurück und schlägt das erste Verfahren wieder ein. Man sättigt auf diese Weise die Mutterlauge mit Cantharidin und wiederholt dies so oft, bis nur noch Kohle zurückbleibt. Die gesättigte Mutterlauge behandelt man jedesmal so, wie schon angegeben. Die reinen Cantharidinkrystalle sammelt man auf einem mit Watte verstopften Trichter und wäscht sie mit etwas Äther nach.

Die Ausbeute an reinem Cantharidin ist abhängig von der Qualität der verarbeiteten Käfer. Wir verarbeiteten fast ausschliesslich die nach unseren Erfahrungen cantharidinreichsten chinesischen Canthariden, Mylabris Cichorii. Nur in den ersten Jahren nach Feststellung unseres Verfahrens benützten wir auch Lytta vesicatoria und im Jahre 1890 versuchsweise einen japanischen Käfer, Epicauta gorrhami, den wir auf dem Hamburger Markt gekauft hatten, zur Cantharidingewinnung.

Die Ausbeuten an Cantharidin betragen bei

Lytta vesicatoria: 0,3—0,45 $^0/_0$,
Epicauta gorrhami: 0,45 $^0/_0$,
Mylabris Cichorii: 0,9 — 1,3 $^0/_0$.

Die beiden hier besprochenen Methoden lassen sowohl das ungegebundene, als auch das gebundene Cantharidin gewinnen. Von ganz ähnlichen Gesichtspunkten gehen 1885 Baudin*), 1886 Homolka**) und 1889 Nagelvoort***) aus bei den von ihnen veröffentlichten Verfahren zur Bestimmung des Cantharidins in Pflasterkäfern.

Im Gegensatz hierzu stehen die verschiedenen Pharmakopöen, das Deutsche Arzneibuch nicht ausgenommen. So lässt der im Jahre 1884 erschienene Französische Codex, ebenso die Spanische Pharmakopöe bei den für Cantharidin vorgeschriebenen Bereitungsweisen das in den Canthariden in gebundener Form enthaltene Cantharidin ganz ausser Betracht. Weiter begnügen sich alle anderen Pharmakopöen damit, ebenfalls nur das freiliegende Cantharidin in den Pflastermassen zu lösen, das gebundene dagegen nicht zu berücksichtigen. Wir glaubten daher eine Lücke auszufüllen mit Ausarbeitung von Vorschriften zu Pflastern, bei welchen unter Anwendung gepulverter spanischer Fliegen das Cantharidin sowohl in ungebundener, als auch in gebundener Form nutzbar gemacht wird. Das beste Beispiel für unsere Studien lag uns in der oben entwickelten Herstellungsmethode vor.

Gestützt auf die Erfahrung, dass grob gepulverte Canthariden dem Ausziehen mehr Widerstand leisten, wie fein gepulverte, gingen wir von vornherein von letzteren aus. Wir schlossen die Canthariden mit Säure auf und führten so das gesamte Cantharidin durch Erhitzen in die Pflastermasse über. Eine Vorschrift zu Emplastrum Cantharidum ordinarium lautet demnach folgendermassen:

100,0 Olivenöl,
525,0 gelbes Wachs

schmilzt man, rührt eine vorher bereitete Mischung von

1,0 Schwefelsäure v. 1,838 sp. G.,
10,0 Weingeist v. 90 $^0/_0$

möglichst gleichmässig darunter und mischt dann

250,0 fein gepulverte Canthariden

---

*) Journ. ph. ch. 1885, **5, XVIII,** 391 durch Ph. Centralh. 1888, **49,** 608.
**) Ber. d deutsch. chem. Gesellsch. 1836, 1082.
***) Nederl. Tijdschr. voor Ph. Ch. en Tox. 1889, 605 d. Ph. Centralh. 1889, **37,** 535.

hinzu. Man erhält nun die Masse 2 Stunden lang unter öfterem Umrühren in einer Temperatur von 60—70 ^{0} C und mischt schliesslich eine Verreibung von

       2,0 Baryumkarbonat

mit

       6,0 Weingeist v. 90 $^0/_0$

hinzu.

Diese Vorschrift weicht in den Verhältnissen von der des Deutschen Arzneibuches insofern ab, als die Menge des Wachses vermehrt und die des Olivenöles entsprechend vermindert ist. Es macht sich diese Veränderung notwendig, weil feine Pulver weniger konsistente Massen liefern, wie grobe.

Wir haben über zehn Jahre hindurch Versuche mit Pflastern, bei welchen die Canthariden durch Säurezusatz aufgeschlossen worden, gemacht und dabei festgestellt, dass solche Pflaster selbst bei halbem Gehalt an Canthariden vortrefflich wirken und dabei sehr haltbar sind, ferner dass die chinesischen Canthariden vor den bis jetzt offizinellen bei weitem den Vorzug verdienen.

Wir glauben allerdings, dass die Verwendung von Cantharidin vor der der spanischen Fliegen den Vorzug verdient. Da sich aber bekanntlich die verschiedenen Arzneibücher nicht allzurasch vom Althergebrachten zu trennen vermögen, so schien es uns angebracht, abermals auf die Fehler der bisherigen Bereitungsweisen für Spanischfliegenpflaster hinzuweisen und dabei die notwendigen Verbesserungen in Vorschlag zu bringen.

Oleum Hyoscyami concentratum.

Lemaire*) hat ein Verfahren zur Darstellung konzentrierter Pflanzenöle, welches Xanthopoulos in der Revue medic.-pharmaceutique de Constantinople veröffentlichte, geprüft und für gut befunden.

Das Verfahren lautet auf Ol. Hyoscyami angewendet wie folgt:

> „Man durchfeuchtet 100 Teile grobgepulvertes Bilsenkraut in einem Perkolator mit 50 Teilen Spiritus und hierauf mit soviel eines Gemisches aus 80 Teilen Olivenöl und 200 Teilen Äther, dass die Masse davon völlig bedeckt ist. Nach 8 tägiger Maceration zieht man die Flüssigkeit ab und erschöpft die Masse mit dem Reste des Olivenöläthergemisches. Den Rest der Flüssigkeit verdrängt man durch Zugabe einer kleinen Menge Äther. Aus den vereinigten Flüssigkeiten bringt man den Äther bei gewöhnlicher Temperatur zur Verdunstung und ergänzt das Filtrat endlich mit Olivenöl auf 100 Teile.“

Ein Teil des Präparates giebt mit 9 Teilen Olivenöl das Hyoscyamusöl des Arzneibuches.

Zu der obigen Darstellungsmethode bemerken wir folgendes:

Da die Alkaloide in dem Hyoscyamuskraut als Salze enthalten sind und da sich Alkaloidsalze beim gelinden Erwärmen garnicht oder nur spurenweise in Öl lösen, wie wir schon vor Jahren nachgewiesen haben,**) so müssen wir das Verfahren von Xanthopoulos zur Darstellung von Hyoscyamusöl für ganz ungeeignet erklären. Man wird nach demselben ein schön grünes Öl erhalten, welches aber sehr wenig oder fast gar keine Alkaloide enthält.

Die seiner Zeit über Hyoscyamusöl von uns ausgeführten Untersuchungen***) veranlassten uns zur Aufstellung der nachstehenden Darstellungsmethode:

> „Mit einer Mischung von
> 100,0 Spiritus,
> 40,0 Salmiakgeist,
> 360,0 Äther

---

*) Petit Moniteur de la Pharmacie No. 3 durch Pharm. Ztg. 1892, 209.
**) Helfenb. Annalen 1886, 36.
***) Helfenb. Annalen 1886, 36 u. 1887, 80—85.

durchfeuchtet man

1000,0 feingepulvertes Hyoscyamuskraut,

packt das feuchte Pulver unter festem Eindrücken sofort in einen Perkolator, lässt eine Stunde lang ruhig stehen und perkoliert dann l. a. mit

q. s. Äther

bis zur Erschöpfung der Substanz.

Den ätherischen Auszug bringt man mit

5000,0 Olivenöl

in eine Blase und destilliert den Äther über."

Das gewonnene Öl hinterlässt beim Filtrieren nichts auf dem Filter, ist dunkelgrün und riecht sehr kräftig.

Wir erhielten damals nach dieser Methode aus 100,0 eines Hyoscyamuskrautes, welches 0,15905 % Alkaloide enthielt, 500,0 Öl mit 0,158 g Alkaloiden, während 500,0 aus 100,0 desselben Krautes nach der Pharmakopöe dargestelltes Öl nur 0,010115 g Alkaloide enthielten.

B. Analytischer Teil.

Acetum Scillae.

Die diesjährige Untersuchung des Meerzwiebelessigs lieferte folgende Zahlen:

Spec. Gew.	% Essigsäure
1,023	4,98
1,025	5,10
1,024	5,06
1,026	5,26
1,023	4,98

Die vorstehenden Daten bestätigen das in den früheren Annalen über Meerzwiebelessig Gesagte.

Nachfolgende Zusammenstellung enthält die in den letzten 6 Jahren erhaltenen niedrigsten und höchsten Werte:

Jahr	Spec. Gew.	% Essigsäure
1886	1,023 — 1,026	5,10 — 5,16
1887	1,022 — 1,026	4,98 — 5,28
1888	1,022 — 1,024	4,98 — 5,10
1889	1,021 - 1,024	4,96 — 5,10
1890	1,020 — 1,023	4,98 — 5,10
1891	1,023 — 1,026	4,98 — 5,26
1886 — 1891	1,020 - 1,026	4,98 — 5,28

Acidum oleïnicum crudum.

Auch im letzten Jahre haben wir die Prüfung der rohen Ölsäure durch Titration mit alkoholischer Kalilauge fortgesetzt. Aus weiter unten angegebenen Gründen haben wir dieses Mal aus der bei der Titration verbrauchten Kalilauge nicht nur den Ölsäuregehalt berechnet, sondern auch die Menge Kaliumhydroxyd, welche 1,0 zur Sättigung nötig hat. Diese Menge Kaliumhydroxyd in mg ausgedrückt werden wir der Kürze halber als Säurezahl bezeichnen Die Bestimmung der Jodzahl, welche wir zum erstenmal in einigen Fällen im vorigen Jahre ausgeführt hatten, haben wir in diesem Jahre fast regelmässig beibehalten. Wir erhielten die nachstehenden Daten:

% Ölsäure	Säurezahl	Jodzahl
96,82	192,27	77,29
96,82	192,27	78,61
96,82	192,27	81,93
90,71	180,13	75,76
94,47	187,60	82,23
94,94	188,53	—
90,47	179,67	77,02
90,47	179,67	—
90,00	178,73	—
90,47	179,67	—
90,47	179,67	—
96,81	193,20	85,87
96,34	192,27	84,92
97,28	194,13	85,09
93,07	185,73	76,01
93,07	185,73	74,20
94,00	187,60	75,20
90,00—97,28	178,73—194,13	74,20—85,87

Die Jodzahlen sind durchweg etwas höher wie die vorjährigen. Der Gehalt an Ölsäure hält sich im allgemeinen, wie die nebenstehende Zusammenstellung zeigt, in den Grenzen der früheren Jahre.

$^{0}/_{0}$ Ölsäure

1888	1889	1890	1891
94.00 — 96,82	94,0 — 99.17	91,18 — 98,70	90,0 — 97,28

90,0 — 99,17

Ein Gehalt von 90 % Ölsäure in der rohen Ölsäure darf demnach wohl als niedrigste Grenze angesehen werden. Das Schwanken der Jodzahl dürfte auf den wechselnden Gehalt der technischen Ölsäure an anderen Säuren und zwar in erster Linie an Stearin- und Palmitin- säure, welche bekanntlich keine Halogene addieren, zurückzuführen sein. Infolge dieser Eigenschaft der Stearin- und Palmitinsäure hofften wir, dass es möglich sein würde, aus der Jodzahl den Gehalt an reiner Öl- säure wenigstens annähernd zu berechnen. Wir sagen ausdrücklich annähernd, da die technische Ölsäure neben Stearin- und Palmitinsäure auch noch kleine Mengen anderer Sauren und sogar unzersetzte Glyceride als Verunreinigungen enthält.

Um festzustellen, welche Jodzahl eine chemisch reine Ölsäure beim Behandeln mit Hübl'scher Jodlösung ergiebt, untersuchten wir in dieser Richtung zwei von zwei bekannten Firmen als chemisch rein bezogene Säuren.

Die Resultate waren:

I. 102,83 Jodzahl,   II. 92,09 Jodzahl.

Eine infolge dieser wenig übereinstimmenden Zahlen ausgeführte Titration beider Säuren ergab:

I. 97,17 $^{0}/_{0}$ Ölsäure,   II. 65,82 % Ölsäure.(!)

Wir konnten es demnach unmöglich mit chemisch-reinen Körpern zu thun haben und müssen uns daher vorläufig jeder weiteren Schluss- folgerung enthalten. Wir werden die Sache aber weiter verfolgen. —

Trotzdem kaum anzunehmen war, dass chemisch-reine Palmitin- oder Stearinsäure durch die Einwirkung der Hübl'schen Jodlösung irgendwie verändert werden würde, so glaubten wir doch, um allen Bedenken von vornherein zu begegnen, auch diese beiden Verbindungen in der an- gedeuteten Richtung untersuchen zu sollen. Die infolgedessen an- gestellten Versuche bestätigten vollständig unsere Voraussetzung. Je zwei als chemisch-rein bezogene Palmitin- und Stearinsäureproben er- gaben so niedrige Jodzahlen, dass dieselben auf Rechnung geringer Verunreinigungen gesetzt werden mussten. —

Wir möchten hier noch ausdrücklich hervorheben, dass die Berechnung der bei der Titration der technischen Ölsäure erhaltenen Zahlen auf Ölsäure auf absolute Genauigkeit natürlich keinen Anspruch hat, und dass wir diese auch niemals beansprucht haben. Wir haben im Gegenteil immer als selbstverständlich vorausgesetzt, dass die technische Ölsäure neben der Verbindung $C^{18}H^{34}O^2$ auch noch verschiedene andere Säuren enthält. Wir sehen uns veranlasst, das eben Gesagte hier hervorzuheben. weil uns dieserhalb eine „Belehrung"*) zu teil wurde. Um in Zukunft ähnlichen Missverständnissen vorzubeugen, werden wir jetzt immer neben der Ölsäure diejenige Menge Alkali angeben, welche zur Sättigung von 1,0 technischer Ölsäure verbraucht wurde.

Zur Hübl'schen Jodadditionsmethode.

Auf Grund von 15 mit Olivenöl und Aprikosenkernöl nach 2-. 24-, 48- und 72 stündiger Einwirkung der Jodlösung auf die Öle erhaltener Jodzahlen behauptet Brüche**), dass die Jodzahlen. welche nach 24 stündiger Einwirkung der Jodlösung auf die Öle erhalten werden. diejenigen Jodmengen angeben, welche von den Ölen aufgenommen werden können. Da die Jodzahlen in dem hiesigen Laboratorium immer nach einer 2 stündigen Einwirkung der Jodlösung auf die Öle bestimmt worden sind, so musste die obige Mitteilung für uns von ganz besonderem Interesse sein. Wir haben daher zunächst die von Brüche ausgeführten Versuche teilweise wiederholt. Die hierbei erhaltenen Zahlen sind in der folgenden Tabelle zusammengestellt.

---

*) Pharmaceutische Zeitung 1891. 308.
**) Apotheker-Zeitung 1890, 493.

	Alter der Jodlösung in Tagen	20 ccm Jodlösung entsprachen x ccm $^1/_{10}$ Norm. $Na^2S^2O^3$-Lösung	Einwirkungs-dauer der Jodlösung in Stunden	Jodzahl
Oleum Olivarum I .	30	28,65	2	80,96
„ „	„	„	24	82,52
„ Olivarum II .	25	29,35	24	85,04
„ „	„	„	48	85,34
„ Lini	30	28,65	2	159,72
„ „	„	„	24	176,82
Sebum	„	„	2	39,69
„	„	„	24	40,95
Balsam Copaiv. . . .	4	38,20	2	167,46
„ „	25	29,35	24	193,83

Obwohl sich die vorstehenden Daten in der Hauptsache mit denen von Brüche deckten, so genügten sie uns doch nicht als Beweismittel für die von dem ersteren aufgestellte Behauptung. Da der Titer der Hübl'schen Jodlösung bekanntlich von Tag zu Tag abnimmt, so muss die Jodzahl bei einer **24**stündigen Einwirkung der Jodlösung auf die Öle immer zu hoch gefunden werden, wenn man, wie wir es bei den oben angegebenen Zahlen gethan haben und wie es Brüche auch gemacht zu haben scheint, denjenigen Titer bei der Berechnung zu Grunde legt, welchen die Jodlösung zur Zeit des Mischens mit der Öllösung zeigte.

In den Helfenberger Annalen von **1887** haben wir allerdings bewiesen, dass aus der Veränderlichkeit der Hübl'schen Jodlösung kein Hindernis für die Anwendung und Zuverlässigkeit der Methode erwächst, und dass die Jodzahl nur die Menge des an das Öl gebundenen Jodes ausdrückt. Diese Thesen stützten sich aber auf Bestimmungen, welche nach der ursprünglichen Hübl'schen Vorschrift ausgeführt worden waren. In zwei Stunden verändert sich der Titer der Hübl'schen Jodlösung so wenig, dass die Jodzahl dadurch fast garnicht beeinflusst wird.

Da sich eine frische Jodlösung rascher verändert als eine ältere [*]

---

[*] Pharmaceutische Post 1884, 1030.

und da ferner ein Erwärmen*) der Lösung dieselbe Wirkung ausübt, so mussten wir, um unsere obigen Bedenken beweisen zu können, zunächst feststellen, ob der Einfluss dieser Umstände, soweit sie bei der Aufbewahrung der Hübl'schen Jodlösung für gewöhnlich in Betracht kommen, innerhalb 24 Stunden so bedeutend ist, dass die Jodzahl dadurch erheblich beeinflusst werden kann. Ferner war noch nachzuweisen, ob Chloroform oder Tageslicht den Titer der Lösung beeinflussen. Die Resultate der diesbezüglichen Versuche sind in der nachstehenden Tabelle zusammengestellt.

Alter der Jodlösung in Tagen	20 ccm Jodlösung entsprachen x ccm $^1/_{10}$ Norm. $Na^2 S^2 O^3$-Lösung	20 ccm Jodlösung + 10 ccm Chloroform entsprachen x ccm $^1/_{10}$ Norm. $Na^2 S^2 O^3$-Lösung	20 ccm der 24 Stunden bei 20—24° C im Tageslicht aufbewahrten Jodlösung entsprachen x ccm $^1/_{10}$ Norm. $Na^2 S^2 O^3$-Lösung	20 ccm der 24 Stunden bei 20—24° C im Dunkeln aufbewahrten Jodlösung entsprachen x ccm $^{1'}/_{10}$ Norm. $Na^2 S^2 O^3$-Lösung	20 ccm der 24 Stunden bei 14—15° C im Tageslicht aufbewahrten Jodlösung entsprachen x ccm $^1/_{10}$ Norm. $Na^2 S^2 O^3$-Lösung
1	39,8	39,8	38,9	38,9	39,3
25	29,35	29,35	28,85	28,85	29.0

Die vorstehenden Zahlen beweisen:

I. Alter und Temperatur haben, soweit sie bei der Aufbewahrung der Jodquecksilberlösung für gewöhnlich in Betracht kommen, auf die Veränderlichkeit des Titers derselben innerhalb 24 Stunden einen so grossen Einfluss, dass die Jodzahl dadurch nicht unerheblich beeinflusst werden muss.

II. Chloroform und Tageslicht beeinflussen den Titer derselben Lösung nicht.

Wir hatten jetzt noch zu beweisen, um wieviel die Jodzahl von den eben besprochenen Umständen, von der Einwirkungsdauer der Jodlösung und von einem grösseren oder geringeren Jodüberschuss beeinflusst wird und wie man die genauesten Jodzahlen erhält. Wir führten daher unter den verschiedenen Bedingungen mehrere Bestimmungen aus. Ausserdem berechneten wir eine jede Bestimmung, bei welcher die Jodlösung 24 Stunden oder länger eingewirkt hatte, dreimal und zwar:

---

*) Pharmaceutische Centralhalle 1887, 147.

I. unter Berücksichtigung des Titers, welchen · die Jodlösung zur Zeit der Mischung mit dem Öle und

II. desjenigen, welchen dieselbe nach 24 resp. 48 Stunden zeigte.

III. Wir nahmen an, dass der Titer der überschüssigen Hübl'schen Jodlösung in demselben Verhältnis abnehme, wie der Titer des bei der gleichen Temperatur aufbewahrten Restes der Lösung urd brachten bei Berechnung der Jodzahl eine entsprechende Menge Jod in Abzug.

Die Zahlen, welche erhalten wurden, sind in der umstehenden Tabelle zusammengestellt.

Diese Daten beweisen:

I. Lässt man die Jodlösung 24 Stunden oder länger einwirken und legt man bei der Berechnung der Jodzahlen denjenigen Titer zu Grunde, welchen die Jodlösung zur Zeit des Mischens mit der Öllösung zeigte, so findet man immer eine zu hohe Jodzahl. Dieselbe ist um so höher, je höher die Temperatur, je jüngeren Datums die Hübl'sche Jodlösung, je grösser der Jodüberschuss und je länger die Jodlösung einwirkt.

II. Legt man nach der gleichen Einwirkungsdauer der Jodlösung der Berechnung der Jodzahl denjenigen Titer zu Grunde, welchen die Jodlösung nach dieser Zeit zeigt, so bewirken Temperatur und Alter der Hübl'schen Lösung das Gegenteil wie bei I. Die durch diese Art der Berechnung erhaltenen Jodzahlen dürften schon deswegen nicht richtig sein, weil man dann in vielen Fällen, wie die umstehende Tabelle zeigt, bei einer 24 stündigen Einwirkung der Jodlösung eine niedrigere Jodzahl finden würde, als bei einer zweistündigen.

III. Nimmt man an, dass der Titer der überschüssigen Hübl'schen Jodlösung in demselben Verhältnis abnimmt, wie der Titer des Restes der unter möglichst gleichen Bedingungen aufbewahrten Lösung und bringt man die dieser Abnahme entsprechende Menge Jod bei der Berechnung der Jodzahl in Abzug, so wird die letztere durch die Temperatur während der Einwirkung, durch das Alter der Jodlösung und durch grösseren oder geringeren Jodüberschuss fast gar nicht oder doch nur sehr wenig beeinflusst. Die auf diese Weise erhaltenen Jodzahlen dürften daher der Wirklichkeit am

	Menge des angewandten Öles, Balsames oder Harzes	20 ccm Jodlösung entsprachen			Alter der Jodlösung in Tagen	Dauer der Einwirkung der Jodlösung in Stunden
		x ccm $^1/_{10}$ N.-Na^{2}S^{2}O^3- Lösung	24 Stunden bei 20—24° C aufbewahrt x ccm $^1/_{10}$ N.-Na S O^3- Lösung	24 Stunden bei 14—17° C aufbewahrt x ccm $^1/_{10}$ N.-Na^{2}S`O^3- Lösung		
Ol. Olivar. I	0,305	37,90	37,20	37,55	8	2
„	0,320	„	„	„	„	„
„	0,327	„	„	„	„	„
„	0,355	„	„	„	„	„
„	0,319	„	„	„	„	24
„	0,319	„	„	„	„	„
„	0,3195	„	„	„	„	„
„	0,320	„	„	„	„	„
„	0,3275	„	„	„	„	„
„	0,3065	„	„	„	„	„
„ II	0,333	29,35	28,85	—	25	„
„	0,3415	„	„	—	„	48
„ III	0,3685	39,80	38,90	—	1	24
„	0,356	„	„	—	„	„
„	0,2435	„	„	—	„	48
„	0,3325	„	„	—	„	„
Adeps	0,4045	38,00	—	37,60	14	2
„	0,3850	„	—	„	„	24
Sebum	0,444	„	—	„	„	2
„	0,553	„	—	„	„	24
Ol. Lini	0,285	„	—	„	„	2
„	0,237	„	—	„	„	24
Bals. Cop.	0,3455	„	—	„	„	2
„	0,396	„	—	„	„	24
Resin. pini	0,214	„	—	„	„	2
„	0,1685	„	—	„	„	24
Acid. oleïnic.	0,310	39,3	—	38,60	5	2
„	0,3165	„	—	„	„	24

Temperat. während der Einwirkung der Jodlösung in ⁰ C	Die Jodlösung wirkte ein im Tageslicht oder Dunkeln	Zum Zurücktitrieren der überschüssig Jodlösung wurden verbraucht x ccm $\frac{1}{10}$ N.-Na²S²O⁷- Lösung	Jodzahl, berechnet unter Zugrundelegung desjenigen Titers, welchen die Jodlösung zur Zeit des Mischens mit dem Öle zeigte	Jodzahl, berechnet unter Berücksichtigung der Abnahme des Titers der überschüssigen Jodlösung innerhalb 24 Stunden	Jodzahl, berechnet unter Zugrundelegung des nach 24 Std. gefundenen Titers der Jodlösung
20—24	Tageslicht	18,30	81,61	—	—
,,	,,	17,40	81,35	—	—
14—17	,,	17,00	81,17	—	—
,,	,,	15,20	81,20	—	—
20—24	,,	17,00	83,20	81,93	80,42
,,	,,	17,00	83,20	81,93	80,42
,,	Dunkeln	17,10	82,67	81,40	79,89
,,	,,	17,00	82,93	81,67	80,16
14—17	Tageslicht	16,80	81,82	81,24	80,40
,,	,,	18,15	81,83	81,14	80,38
20—24	,,	7,05	85,04	—	—
,,	,,	6,40	85,35	84,94	—
,,	,,	15,00	85,47	—	—
,,	,,	15,80	85,61	—	—
,,	,,	22,80	88,66	85,91	—
,,	,,	17,00	87,08	85,58	—
14—17	,,	20,00	56,50	—	—
,,	,,	20,55	57,56	56,83	56,24
,,	,,	24,70	38,04	—	—
,,	,,	21,20	38,58	38,07	37,66
,,	,,	39,75	161,53	—	—
,,	,,	42,55	179,24	176,83	174,95
,,	,,	28,90	173,13	—	—
,,	,,	15,40	194,34	193,81	191,76
,,	,,	53,10	135,90	—	—
,,	,,	53,20	171,84	167,62	165,81
,,	,,	14,20	102,83	—	—
,,	,,	13,40	103,92	103,00	101,11

nächsten kommen, d. h. diejenige Menge Jod ausdrücken, welche das Öl aufzunehmen vermag.

IV. Bei Olivenöl, Ölsäure, Talg und Schweineschmalz erhält man nach einer zweistündigen Einwirkung der Hübl'schen Lösung eine Jodzahl, welche mit derjenigen, die unter den bei III angegebenen Bedingungen erhalten wird, fast vollständig übereinstimmt. Für praktische Zwecke dürfte daher eine zweistündige Einwirkung der Jodlösung auf dieselben vollständig genügen. Bei dem Leinöl, den Balsamen und Harzen erhält man dagegen nur dann eine annähernd genaue Jodzahl, wenn man in der unter III angegebenen Weise verfährt.

*   *
*

Die vorstehende Arbeit war schon zum grössten Teil vollendet, als wir von einer Arbeit Holdes*), welche sich mit demselben Gegenstande beschäftigte, Kenntnis bekamen. Nach Holdes Angaben ist ein bedeutender Jodüberschuss nötig, wenn man konstante Zahlen erhalten will. Ferner soll die Jodlösung bei trocknenden Ölen nicht über 8 Tage und bei nicht trocknenden nicht über 14 Tage alt sein.

Was nun die erste Angabe Holdes betrifft, so möchten wir hier nochmals auf eine frühere Arbeit von uns**) hinweisen, nach welcher ein sehr grosser Jodüberschuss nur auf die Jodzahlen der trocknenden Öle und zwar in erster Linie des Leinöles erheblichen Einfluss hat. Nach unseren Erfahrungen genügt es vollständig, wenn der Überschuss der Jodlösung bei den nicht trocknenden Ölen, bei Adeps und bei Sebum so gross ist, dass 10—20 ccm $^1/_{10}$ Normal-Natriumthiosulfat-Lösung zum Zurücktitrieren verbraucht werden. Bei den trocknenden Ölen ist die zugesetzte Menge Jodlösung eine genügende, wenn man zum Zurücktitrieren 20—30 ccm $^1/_{10}$ Normal-Natriumthiosulfat-Lösung verbraucht. Auf das Verhalten der Balsame, Harze und Gummiharze gegen Jodquecksilberlösung werden wir weiter unten zurückkommen.

Dem Alter der Hübl'schen Jodlösung können wir gleichfalls nicht die Bedeutung beimessen, welche Holde ihr zuschreibt (s. d. obigen Tabellen). Ist der Titer der Lösung zurückgegangen, so hat man eben entsprechend mehr anzuwenden.

---

*) Chem. Ztg. 1891, Repert. 227 u. Apoth. Zeitg. 1891, Rep. 18.
**) Helfenberger Annalen 1887, 88.

Fahrion*) empfiehlt, das Quecksilberchlorid und die Jodlösung erst jedesmal beim Gebrauche zu mischen und viermal soviel Jod anzuwenden, als zur Absorption gelangt. Hierzu möchten wir uns die Bemerkung erlauben, dass es allerdings aus Sparsamkeitsrücksichten ratsam ist, die Quecksilberchlorid- und die Jod-Lösung getrennt aufzubewahren, nicht aber die beiden Lösungen jedesmal erst beim Gebrauche zu mischen, weil der Titer der Mischung in den ersten 24 Stunden ziemlich rasch abnimmt. Wir verfahren schon seit längerer Zeit in der Weise, dass wir die beiden Lösungen getrennt aufbewahren und nur jedesmal soviel mischen. als in einigen Tagen verbraucht wird. Die Mischung wird aber erst nach 24 Stunden in Gebrauch genommen. Alle übrigen Ausführungen Fahrions erledigen sich durch das vorher Gesagte.

Adeps suillus.

Die Untersuchung des Schweinefetts beschränkten wir im letzten Jahre auf die Bestimmung des Schmelzpunktes. der Säurezahl und der Jodzahl.

Folgende Zahlen wurden erhalten:

		Schmelzpunkt ⁰C	Saurezahl	Jodzahl
Selbst ausgelassen	1.	38,0	0,56	59,57
	2.	40,5	0,50	60,91
	3.	38,5	0,75	52,30
	4.	37,5	1,12	58,43
	5.	37,0	1,12	57,57
Eingekauft.	6.	37,5	1,28	62,18
	7.	38,0	1,00	63,06
	8.	44,0	0,50	50,93
	9.	43,5	0,56	50,88
	10.	44,5	3,24	50,30
	11.	40,0	1,34	60,71
	12.	37,5	1,51	65,95
		37,0—44,5	0,50—3,24	50,88—65,95.

*) Chemiker-Zeitung 1891, 1791.

                     Adeps suillus.

Ausser den unter Nr. 10 und 12 angegebenen Zahlen liegen die obigen Werte alle in den gewöhnlichen Grenzen. Nr. 12 wurde zurückgewiesen, weil sie uns wegen der fast 66 betragenden Jodzahl verdächtig erschien. Dieser Verdacht war jedenfalls berechtigt, da wir in den letzten 6 Jahren nur dreimal eine über 65 liegende Jodzahl fanden.

Nr. 10 wurde wegen der sehr hohen Säurezahl beanstandet. Eine höhere Säurezahl als diese fanden wir in den letzten 6 Jahren nur einmal. Ausserdem erhielten wir in dem genannten Zeitraum viermal die Säurezahl 2,8. In allen anderen Fällen erreichte dieselbe aber niemals 2.

Die folgende Tabelle enthält die niedrigsten und höchsten Werte, welche in den letzten 6 Jahren erhalten wurden.

Jahr	Spez. Gew. b. 15 ° C	Spez. Gew. b. 90 ° C	Schmelzpunkt ° C	Säurezahl	Jodzahl
1886	0,934—0,938	—	36,0—38,0	0,56—0,84	—
1887	0,920—0,951	—	33,0—45,5	0,50— 2,80	47,8—65,8
1888	0,929—0,942	0,892—0,899	37,0—44,0	0,70—3,90	49.0—63,4
1889	—	0,894—0,897	38,0—44,0	0,30—2,80	49,9—65,8
1890	—	0,892—0,897	38,0—44,0	0,2?—1,70	50,7— 62,9
1891	—	—	37,0—44,5	0,50—3,24	50,8—65,9
	0,920—0,951	0,892— 0,899	33,0—45,5	0,28— 3,90	47,8—65,9

P. Welmans*) giebt die folgende neue Methode zum Nachweis von Baumwollensamenöl und anderen Ölen pflanzlichen Ursprungs im Schweinefett an:

„Man löst 1,0 Adeps in einem Reagensglase in 5 ccm Chloroform, setzt 5 ccm Phosphormolybdänsäure oder phosphormolybdänsaures Natron hinzu, schüttelt kräftig um und lässt einige Minuten stehen. Hat man es mit reinem Schweinefett zu thun, so verändert sich die Farbe des Reagens durchaus nicht. Sobald das Schweinefett aber Baumwollensamenöl oder irgend ein anderes pflanzliches Öl enthält, färbt sich das Reagens grün und nach dem Übersättigen mit Ammoniak blau oder bläulich.“

Wir können die Angaben Welmans' im allgemeinen bestätigen und die Methode gegenüber der von Labiche und anderen als einen Fort-

---

*) Pharmaceutische Zeitung 1891, 798.

schritt bezeichnen, da die Reaktion auch mit erhitztem Baumwollensamenöl eintritt. Auf die Bezeichnung „sicher" kann dieselbe nach unseren Beobachtungen jedoch keinen Anspruch machen, denn einerseits veranderte das von uns in dieser Richtung untersuchte Baumwollensamenöl die Farbe des phosphormolybdänsauren Natrons nur so wenig, dass ein mit 10 % dieses Öles verfälschtes Schweinefett keine erkennbare Reaktion mehr gab, andererseits ist das Reagens so empfindlich gegen verschiedene organische und anorganische Stoffe, dass sehr geringe Verunreinigungen des Schweinefettes eine Reduktion bewirken können.

Die von Welmans angegebene Methode kann daher bei einer Untersuchung von Schweinefett auf Baumwollensamenöl niemals den Ausschlag geben, sondern höchstens zur Verstärkung der Beweise dienen. In zweifelhaften Fällen wird die Jodzahl immer massgebend sein. —

In den Annalen von 1890 sagten wir unter Adeps:

> „B. Fischer hat sich bei seinen diesbezüglichen Untersuchungen die Bechi'sche Reaktion „als besonders brauchbar" erwiesen; es müssen demnach die Fälscher nicht immer so raffiniert sein, um zu wissen, dass erhitztes Baumwollensamenöl die Bechi'sche Probe und die Hirschsohn'sche Goldchloridreaktion aushält."

Diese Bemerkung versucht B. Fischer[*] in dem neuesten Jahresberichte des Untersuchungsamtes der Stadt Breslau „richtig zu stellen", indem er behauptet:

> 1. aus der Fassung der betreffenden Stelle des Breslauer Jahresberichtes gehe „klar und deutlich hervor", er halte die Bechi'sche Reaktion „in Verbindung mit der Jodzahl für ein brauchbares Hilfsmittel" und
>
> 2. wir hätten die Stellung eines Untersuchungsamtes mit der eines Fabrikanten verwechselt und übersehen, dass der Fabrikant viel schärfer urteilen könne als ein derartiges Amt.

Hierzu bemerken wir das folgende:

> zu 1. Eine Untersuchungsmethode, welche nicht in allen Fällen zuverlässig ist, hat durchaus keinen Anspruch auf die Bezeichnung „besonders brauchbar". Durch die gleichzeitige Nennung einer anderen Methode wird sie um garnichts besser.
>
> zu 2. Wir quittieren mit Dank über den Vortritt, welchen das Untersuchungsamt dem Fabrikanten einräumt: es ist uns

---

[*] Jahresber. des chem. Untersuchungsamtes der Stadt Breslau 1891, 33.

aber nicht recht erfindlich inwiefern dieser Vortritt des Fabrikanten zur Beurteilung der Bechi'schen Probe in Beziehung stehen soll.

Ist die Methode, wie wir behaupten, nicht besonders brauchbar, so gilt dies ebenso für ein Untersuchungsamt wie für den Fabrikanten und umgekehrt.

Balsame, Harze, Gummiharze.

Die Untersuchung der Balsame, Harze und Gummiharze ergab die folgenden Zahlen:

Balsam, Harz, Gummiharz	Spez. Gew.	% in Alkohol löslich	% Asche	% Wasser	Säurezahl	Esterzahl	Verseifungszahl
Ammoniac. crud.	—	69,70	—	—	—	—	—
„	—	48,95	—	—	—	—	—
„	—	63,20	—	—	—	—	—
Bals. Copaiv.	—	—	—	—	81,53	6,7	88,23
Maracaïbo	—	—	—	—	80,76	6,8	87,56
Bals. Peruvian.	—	—	—	—	58,80	196,0	254,80
Colophonium	1,078	—	—	—	165,20	—	—
„	1,076	—	—	—	158,40	—	—
„	1,077	—	—	—	154,00	—	—
„	1,077	—	—	—	159,60	—	—
„	1,076	—	—	—	165,77	—	—
„	1,075	—	—	—	168,10	—	—
Styrax liq. crud.	—	78,30	—	18,86	65,55	123,96	189,51
„	—	72,45	—	24,74	57,97	134,25	192,22
„	—	66,39	—	31,10	64,66	142,31	207,00

Die vorstehenden Werte entsprechen z. T. den in früheren Jahren erhaltenen, z. T. unterscheiden sie sich aber sehr wesentlich von denselben.

Die Tabelle auf S. 24—25 enthält die niedrigsten und höchsten Zahlen der letzten 6 Jahre.

Wir haben in diese Zusammenstellung nur die häufiger untersuchten Balsame, Harze und Gummiharze aufgenommen. Betreffs der sehr zahlreichen nur zu Versuchszwecken in dieser Richtung von uns ausgeführten Untersuchungen verweisen wir auf die Helfenberger Annalen von 1886, 87 und 88.

Vergleicht man die in der Tabelle enthaltenen Daten mit einander, so muss man zu der Überzeugung kommen, dass die bisherigen Untersuchungsmethoden der Balsame, Harze und Gummiharze nur teilweise genügen.

Wir richteten unser Augenmerk daher auf neue Methoden und stellten zunächst umfassende Versuche in zwei Richtungen an. Die Resultate dieser Versuche sind in den beiden folgenden Abschnitten zusammengestellt.

Über die Jodzahlen der Balsame, Harze und Gummiharze.

Schon in den vorjahrigen Annalen*) wiesen wir darauf hin, dass die von Brüche**) aufgefundenen wesentlichen Unterschiede der Jodzahlen des Perubalsams, des Kolophoniums, des Styrax und des Lärchenterpentins für die Prüfung dieser Harze und Balsame dann von Bedeutung sein würde, wenn sich die Angaben des Verfassers an weiteren Handelssorten bestätigen würden. Wir stellten daher in dieser Richtung sehr bald umfassende Versuche an. Bei dieser Gelegenheit beschränkten wir uns aber nicht auf die oben genannten Balsame und Harze, sondern wir zogen fast alle bekannten derartigen Körper und auch die Gummiharze mit in den Bereich unserer Versuche.

Bei der Bestimmung der Jodzahl wichen wir nur insofern von der ursprünglichen Hübl'schen Methode ab, als wir die Jodlösung nicht zwei Stunden, sondern 24 Stunden einwirken liessen; wir hatten ja gefunden (s. Seite 16 u. 17), dass man durch eine 24 stündige Einwirkung der Jodlösung auf diese Körper eine bedeutend höhere Jodzahl erhält. Bei der Berechnung der Jodzahlen brachten wir die

---

*) Helfenb. Annalen 1890, 10.
**) Apotheker-Zeitung 1891, 128.

Balsam, Harz, Gummiharz	Jahr	Spez. Gew.	% in Alkohol löslich	% Asche
Ammoniac crud.	1891	—	48,95—69,70	—
„ „	1886	—	—	—
„ v. h. dep.	1888	—	—	—
„ „ „ „	1887	—	76,5	1,3
Asa foetida crd.	1890	—	15,43—53,60	15,6—66,0
„ „ „	1889	—	26,90	43,70
„ „ „	1886	—	—	—
„ „ i. lacry.	1887	—	48,1	29,5
„ „ dep.	1889	—	60,0	1,60
„ „ „	1887	—	73,8—78,6	3,6—4,4
Bals Copaiv Maracaïbo	1891	—	—	—
„ „ „	1890	—	—	—
„ „ „	1889	—	—	—
„ „ „	1888	—	—	—
„ „ „	1886	—	—	—
„ „ Ostind.	1888	—	—	—
„ „ Para	„	—	—	—
„ Peruvian.	1891	—	—	—
„ „	1890	—	—	—
„ „	1889	—	—	—
„ „	1888	—	—	—
„ „	1887	—	—	—
„ „	1886	—	—	—
Colophonium	1891	1,075—1,078	—	—
„	1890	1,075—1,082	—	—
„	1889	1,076 - 1,081	—	—
„	1888	—	—	—
„	1887	—	—	—
„	1886	—	—	—
Styrax liq. crd.	1891	—	66,30—78,30	—
„ „ „	1888	—	70,10—76,80	—
„ „ „	1887	—	63,50—81,30	—
„ „ dep.	1887	—	—	—
„ „ „	1886	—	—	—

% Wasser	Säurezahl	Esterzahl	Verseifungszahl
—	—	—	—
—	81,7—104,3	64,4—75,7	146,1—180,0
—	132,0	73,0	205,0
—	135,0	98,0	233,0
—	—	—	—
—	—	—	—
—	11,2	110,6	121,8
—	55,0	129,0	184,0
—	—	—	—
—	70,0—82,0	82,0—101,0	164,0—171,0
—	80,76—81,53	6,8—6,7	87,56—88,23
—	77,28—82,88	7,0—7,0	84,28—89,88
—	94,3	6,5	100,8
—	73,7—86,8	—	—
—	86,8	—	—
—	6,5—7,4	10,3—11,2	16,8 18,6
—	52,3—53,2	—	—
—	58,80	196,0	254,80
—	56,0	170,8	226,8
—	61,8	159,6	221,4
—	50,4—58,8	196,0—201,6	246,4—254,8
—	44,8	182,0	226,8
—	30,8	223,6	254,4
—	154,0—168,1	—	—
—	161,3—176,7	—	—
—	163,0—172,0	—	—
—	157,0—169,6	—	—
—	166,6—168,8	—	—
—	151,7—168,1	—	—
18,86—31,10	57,97—65,55	123,96—142,34	189,51—207,00
19,85—25,20	57,2 - 74,6	83,0—133,0	142,0—193,8
—	46,0—75,8	74,6—88,0	134,6—159,2
—	60,6	126,0	186,6
—	84,0	173,0	257,0

Abnahme des Titers der überschüssigen Jodlösung in Anrechnung (s. Seite 18).

Von denjenigen Harzen und Gummiharzen, welche sich nicht vollständig in Chloroform lösen, stellten wir uns zunächst einen Chloroformauszug her und behandelten dann den Rückstand dieses Auszuges, nachdem wir ihn durch längeres Erwärmen auf 50—60 ° C vollständig vom Chloroform befreit hatten, in der oben angegebenen Weise. Die für diese Körper angegebenen Jodzahlen beziehen sich demnach auf die in Chloroform löslichen nicht flüchtigen Bestandteile derselben. Wir haben dieses Verfahren eingeschlagen, da es uns die meiste Aussicht auf Erfolg zu bieten schien.

Von jedem Balsam, Harz und Gummiharz machten wir 3 Bestimmungen nebeneinander. Die Ausführung derselben unterschied sich nur insofern, als der Jodüberschuss verschieden gross war.

Die auf Seite **27, 28** und **29** befindliche Tabelle enthält die erzielten Werte. A, B, C und D bezeichnen 4 verschiedene Drogenhäuser. L bedeutet Lager.

Die in dieser Zusammenstellung enthaltenen Resultate entsprechen im allgemeinen nicht den Erwartungen.

Nicht nur die Jodzahlen der aus den verschiedenen Bezugsquellen erhaltenen Sorten unterscheiden sich teilweise sehr wesentlich, sondern auch die mit ein und demselben Balsam, Harz oder Gummiharz erhaltenen Werte zeigen Unterschiede.

Der letztere Umstand ist zum Teil mit auf den verschieden grossen Jodüberschuss zurückzuführen.

Je grösser derselbe war, desto höher waren auch im allgemeinen die Jodzahlen. Um daher vergleichbare Zahlen zu erhalten, ist es nötig, möglichst mit gleichen Jodüberschüssen zu arbeiten. Auf das nicht Einhalten dieser Bedingung dürfte auch zum Teil der grosse Unterschied zurückzuführen sein, welcher zwischen einigen der von uns und der von anderer Seite erhaltenen Zahlen besteht.

Nach Brüche lagen die Jodzahlen von **13** Sorten Perubalsam zwischen **38,01** und **41,59**.

I. Vollständig in Chloroform lösliche Balsame und Harze.

		Jodzahl		
		I	II	III
Balsam. Canad. dep. . .	A	208,97	220.18	227,24
„ „ nat. . .	„	207,02	218,64	219,98
„ „ . .	B	180,42	183,94	195,94
„ „ . .	C	198,01	200,34	209,11
„ „ . .	D	214,79	224,39	236,07
„ Copaiv. Marac.	L	188,16	193,04	194,81
„ „ „	A	175,61	175,64	179,19
„ „ „	B	195.00	196,80	200,26
„ „ „	C	168,14	179,33	187,65
„ „ „	D	181.61	182,83	188,41
„ „ Osind.	A	186,48	199,40	202,84
„ „ Para	A	196,96	198,05	.00,99
„ Mecca depur. .	A	122,00	122,98	124,55
„ „ natur. . .	„	122,49	123,66	124,81
„ „ . .	B	117,38	122,41	123,03
„ „ . .	D	124,72	127,89	128,08
„ Peruvian	L	61,54	62,63	—
„ „	A	64,29	65,22	65,45
„ „	B	48,00	52,80	56,40
„ „	C	49,27	49,29	53,22
„ „	D	65,36	65,96	68,60
„ Tolutan dep. . .	L	112,65	130,56	131,93
„ „ „ . .	A	131,84	133,41	136,58
„ „ natur. .	„	134,05	147,36	150,28
„ „ . .	B	95,32	99,80	100,19
„ „ . .	C	93,13	105,43	108,27
„ „ . .	D	104,79	106,45	120,06

		Jodzahl		
		I	II	III
Colophonium	L	150,79	161,60	180,16
Elemi weich	A	100,19	101,08	103,86
„ „	C	108,47	101,17	111,23
Resina Pini raff.	A	162,06	164,77	164,81
„ „ „ . .	B	134,67	138,61	141,26
„ „ „ . .	C	128,31	128,38	131,14
„ „ „ . .	D	125,50	126,40	129,25
Styrax liquid. dep. . . .	L	70,36	71,54	72,26
„ „ „ . .	A	92,64	96,07	98,51
„ „ „ . .	B	83,18	84,66	87,11
„ „ „ . .	D	80,44	81,10	81,39
Terebinth. Chios . .	A	141,32	142,40	144,75
„ „ . .	B	98,27	104,48	105,22
„ „ . .	D	94,22	101,53	102,21
„ Gallic. . . .	A	183,76	188,23	192,61
„ commun. . . .	B	209,77	211,55	212,42
„ „ . .	C	179,32	184,37	186,47
„ „ . .	D	183,19	192,59	196,67
„ venet.	L	191,85		
„ „ I . .	A	158,68	164,11	167,72
„ „ II . .	„	173,69	183,45	193,24
„ „	B	128,91	134,05	134,09
„ „	C	135,86	136,27	140,71
„ „ . .	D	165,92	176,24	177,31

II. Zum Teil in Chloroform lösliche Harze und Gummiharze.

		Jodzahl		
		I	II	III
Ammoniac. I	A	145,09	155,29	158,75
„ II	„	160,30	161,75	169,88
„ pulv.	„	169,09	170,67	175,39
Asa foetida in lacr. . . .	A	121,09	127,90	132,04
„ „ I	„	133,84	146,22	153,04
„ „ II	„	116,73	140,00	140,98
„ „ III	„	153,43	157,31	166,17
„ „ pulv. . . .	„	99,06	112,01	112,61
Bdellium	A	90,01	94,77	96,43
„	B	99,65	100,37	102,19
„	D	92,24	95,96	101,27
Benzoë Siam I	A	111,52	125,54	132,11
„ „ II	„	106,95	110,21	117,89
„ „ pulv. . .	„	76,23	80,70	85,76
„ Sumatr. O . . .	A	83,10	98,30	103,43
„ „ I . . .	„	82,59	85,94	90,75
„ „ II . .	„	88,37	96,60	101,81
„ „ pulv. .	„	82,50	85,70	87,51
Damarum	A	113,43	119,41	121,88
„ pulv.	„	89,57	89,60	92,38
„	B	92,74	93,43	100,32
„	C	93,97	96,19	96,80
„	D	97,16	101,37	105,75

		Jodzahl		
		I	II	III
Myrrha pulv.		48,03	48,19	49,34
„	B	184,70	189,02	192,73
„	C	161,12	168,01	173,54
„	D	150,85	150,89	151,86
Olibanum i. granis. . . .	A	67,50	68,40	72,64
„ natur. I .	„	71,69	72,54	74,07
„ „ II . .	„	76,20	79,79	83,25
„ pulv. . . .	„	49,14	49,40	50,29
Resina Guajac. natur.	A	151,90	163,06	168,03
„ „ mass.	„	170,20	170,75	189,12
„ „ alkoh. dep.	„	148,45	158,18	180,40
„ „ ordinar.	„	61,34	62,55	62,61
„ „	B	88.05	106,09	116,91
„ „	C	101,94	111,78	124,14
„ „	D	107,59	113,87	138,96
„ Jalapae	A	21,49	21,95	21,77
„ „ tuber. pond	„	40,44	40,76	41,60
„ Thapsiae	„	51,66	52,64	53,15
„ Turpethi	„	27,23	27,60	27,93

Elemi hart	A	56,40	57,03	59,58
„ pulv.	„	37,47	37,58	37,78
„ hart	D	103,22	105,83	110,34
Galbanum I		87,39	91,06	92,92
„ II		85,73	87,87	88,72
„	C	62,92	71,25	71,57
„	D	82,96	83,65	83,76
Gallipot	A	146,30	148,63	149,46
Gutti elect.	A	100,81	102,19	102,34
„ natur.	„	102,15	102,16	102,68
„ pulv.	„	105,12	106,02	108,72
„	B	102,84	102,95	105,50
„	C	94,23	94,61	96,15
Mastix Bomb.	A	90,62	90,63	91,41
„ elect.	„	106,79	110,87	119,96
„ natur.	„	103,19	114,93	120,86
„ pulv.	„	90,24	92,02	92,59
„	B	97,04	102,86	106,09
„	C	95,81	102,46	104,49
„	D	91,73	97,83	98,80
Myrrha	A	142,15	144,18	147,46
„ electa	„	162,73	166,66	—
„ natural. I		129,07	132,51	139,01
„ „ II		108,18	115,02	115,32

Sandaraca i. gran.	A	146,63	147,54	147,87
„ natur.		132,32	133,85	134,45
„	B	122,14	124,94	129,73
„	C	129,03	129,68	130,06
„	D	138,92	140,39	145,42
Sanguis dracon. I	A	99,82	102,55	116,34
„ „ II	„	110,18	110,71	115,59
„ Bast	„	92,08	92,88	97,66
Scammon. Alepp.	A	12,36	13,77	13,92
„ „ pulv.	„	14,39	14,46	14,56
Scammon	A	20,46	20,61	20,74
„	B	10,06	10,69	10,71
„	C	17,57	17,96	18,35
„	D	17,86	18,09	18,46
Styrax liquid. venal.	A	77,14	81,89	84,95
„ „ „	B	76,20	78,65	80,68
„ „ „	C	84,11	84,51	86,61
„ „ „	D	78,83	82,48	85,28
Tacamah. alb.	A	71,26	71,68	72,73
„ „	B	73,97	74,00	77,72
„ „	D	70,93	72,61	75,44

v. Schmidt und Erban fanden folgende Jodzahlen:

Colophonium   115,7
Benzoë   56,0
Styrax   58,6
Bals. Copaiv. Mar.   160,0
  „   „   Para   155,0
  „   „   Ostind. 150,0
  „   Tolutanum   165,0
Terebinth. ven.   143,6.

Trotz dieser sehr wenig ermutigenden Resultate werden wir bei den hier zur Untersuchung gelangenden Balsamen, Harzen und Gummiharzen die Bestimmung der Jodzahl noch einige Zeit fortsetzen. Den Jodüberschuss werden wir so bemessen, dass zum Zurücktitrieren mindestens 20—30 ccm $^1/_{10}$ N. Natriumthiosulfat-Lösung erforderlich sind.

*   *   *

Beckurts und Brüche*) haben kürzlich ebenfalls eine Arbeit über die Wertbestimmung der Balsame und Harze veröffentlicht, in welcher sie auch einige Jodzahlen mit angeben. Wir lassen die höchsten und niedrigsten hier folgen:

Balsamum Peruvianum   38,01— 56,30
     „   Tolutanum   153,00—170,00
Terebinthina laricina   137,00—149,00
Styrax   49,00— 60,00
Benzoë (Alkohollösliches) 55,00— 90,00
Colophonium   109,00—121,00.

Über die Löslichkeit einiger Balsame und Harze in verschiedenen Lösungsmitteln.

Schon vor einigen Jahren haben wir durch mehrere Versuche nachgewiesen,**) dass es möglich ist, aus dem Verhalten, welches Styrax gegen verschiedene Lösungsmittel zeigt, einen Schluss auf etwaige Verfälschungen mit anderen Harzen oder Balsamen zu ziehen.

Die entsprechenden Versuche haben wir in dem letzten Jahre wieder aufgenommen und auf verschiedene andere Harze und Balsame

*) Archiv d. Pharmacie 1892, Heft 1 u. 2.
**) Helfenberger Geschäftsbericht 1886, 73.

ausgedehnt. Wir verfuhren in der Weise, dass wir 1,0—3,0 dreimal oder so oft mit je 20,0—30,0 ccm des betreffenden Lösungsmittels kochten, als noch etwas gelöst wurde. Das Ungelöste sammelten wir auf einem gewogenen Filter. Ausserdem bestimmten wir, um jeden Verlust zu vermeiden, das Gewicht des Becherglases, in welchem wir die Lösung vorgenommen hatten, vor und nach der Operation.

Zu den betreffenden Bestimmungen nahmen wir nur solche Balsame und Harze, welche frei von Holzteilen, Wasser und ähnlichen Verunreinigungen waren. Die erhaltenen Resultate sind in der folgenden Tabelle zusammengestellt. Um eine bessere Übersicht zu ermöglichen, haben wir in derselben den Prozent-Gehalt an unlöslichen Teilen angegeben. Die Buchstaben A, B, C und D bezeichnen die vier Drogenhandlungen, von welchen die Harze und Balsame bezogen wurden. L bedeutet Lager.

Der Nachweis einer Verfälschung des Peru- und Tolubalsams und des Guajakharzes dürfte nach den in der nachstehenden Tabelle enthaltenen Zahlen durch eine quantitative Bestimmung des in Petroläther Unlöslichen sehr wohl möglich sein. Bei einigen anderen Harzen und Balsamen (Balsamum Canadense, Styrax liquid.) scheint das Verhalten gegen die verschiedenen Lösungsmittel ganz brauchbare Anhaltspunkte geben zu können.

Wir enthalten uns aber vorläufig jeder weiteren Folgerung, da wir auf Grund weiterer Versuche zu sichereren Schlüssen zu kommen hoffen.

Löslichkeitstabelle verschiedener Harze und Balsame.

Die Zahlen geben das Unlösliche in % an.

v. l. bedeutet vollständig löslich. — f. v. l. bedeutet fast vollständig löslich.

Harz oder Balsam	Spiritus	Äther	Chloroform	Essigäther	Benzol	Petroläther	Terpentinöl	Schwefelkohlenstoff
Balsamum Canadense B.	6,76	f. v. l.	v. l.	v. l.	v. l.	16,54	v. l.	f. v. l.
„ „ D.	9,10	„	„	„	„	12,14	.,	„
„ „ depur. A.	6,42	v. l.	„	f. v. l.	„	7,27	f. v. l.	„
„ „ opt C.	7,18	f v. l.	„	v. l.	„	12,02	v. l.	v. l.
„ Copaïvae L.	f. v. l.	v. l.	„	f. v. l.	„	f. v. l.	,.	f. v l.
„ „ B.	„	„	„	v. l.	„	„	..	v. l.
„ „ D.	v. l.	„	„	„	„	„	„	.,
„ „ Mar A.	f. v. l.	„	„	f. v. l.	„	v. l.	.,	„
„ „ Ostind. „	v. l.	f. v. l.	„	v. l.	„	f. v. l.	„	f. v. l.
„ „ Para „	f. v. l.	v. l.	„	f. v. l.	„	„	„	„
„ „ opt. „	„	.,	„	„	„	v. l.	„	v. l.
„ de Mecca D.	v. l.	„	„	v. l.	.,	„	„	f. v. l.
„ „ B.	„	„	„	„	„	f. v. l.	„	.,
„ „ depur. A.	„	„	„	„	„	„	„	„
„ „ natur. „	f. v. l.	„	„	„	„	„	„	v. l.
„ Peruvian. L.	v. l.	2,4	„	„	1,97	32,07	14,17	13,60
„ „ A.	f. v. l.	4,82	„	„	2,87	33,96	11,14	12,34
„ „ B.	„	6,33	„	„	5,73	33,67	13,79	12,57
„ „ D.	0,26	3,83	„	„	2,05	33,90	11,85	13,61
„ „ opt. C.	f. v. l.	3,56	„	„	3,46	33,88	11,58	13,84
„ Tolutanum B.	v. l.	46,80	„	„	12,27	93,50	66,69	73,20
„ „ D.	„	32,70	„	„	3,61	97,73	62,10	67,98
„ „ dep. A	„	12,91	„	„	f. v. l.	89,78	61,03	11,82
„ „ natur. „	„	15,68	„	„	„	97,78	45,45	52,02
„ „ opt. C.	„	43,91	f. v. l.	„	17,73	98,78	72,18	80,34
Colophonium L.	„	v. l.	v. l.	„	v. l.	3,21	v. l.	v. l.
Elemi hart A.	„	„	„	„	„	v. l.	„	„
„ Manill. C.	„	„	„	„	„	1,83	„	.,

Harz oder Balsam	Spiritus	Äther	Chloroform	Essigäther	Benzol	Petroläther	Terpentinöl	Schwefelkohlenstoff
Elemi pulv. A.	1,74	8,24	f. v. l.	2,21	13,06	55,14	v l.	36,22
„ weich „	f. v. l.	v. l.	v. l.	v. l.	v. l.	3,08	„	v. l.
„ „ B.	v. l.	„	„	„	„	1,90	1,68	„
„ „ D.	„	„	„	„	„	1,61	v. l.	f. v. l.
Resina Pini Burgd. D.	„	f. v. l.	„	„	„	15,05	„	v. l.
„ „ „ C.	„	v. l.	„	„	„	8,29	„	„
„ „ raffin. A.	„	„	„	„	„	2,34	5,72	„
„ „ „ B.	„	„	„	„	„	7,81	v. l.	„
„ Guajac. mass. A.	24,01	30,09	35,77	24,30	31,60	93,31	52,23	72,19
„ „ alcoh. dep. „	v. l.	9,34	v. l.	v. l.	10,91	93,84	40,04	65,67
„ „ natur. „	47,72	77,07	66,09	50,83	80,61	89,94	87,08	85,84
„ „ pulv. „	4,82	12,92	3,28	5,38	30,34	93,69	58,11	63,54
„ „ B.	20,76	19,44	14,50	11,79	31,20	96,39	48,89	76,31
„ „ D.	v. l.	41,97	10,82	9,81	31,90	97,71	87,76	87,59
„ „ C.	32,90	18,03	f. v. l.	2,78	10,28	98,07	44,11	79,94
Styrax liquid. dep. L.	f. v. l.	f. v. l.	„	v. l.	4,25	39,99	7,92	13,20
„ „ pur. A.	v. l.	6,86	„	„	f. v. l.	37,82	18,20	9,85
„ „ depur. B.	„	0,94	v. l.	„	2,65	61,82	0,45	6,96
„ „ „ D.	„	3,75	f. v. l.	„	2,96	57,25	3,77	6,61
Terebinthina Chios. A.	„	v. l.	v. l.	„	v. l.	f. v. l.	v. l.	f. v. l.
„ „ D.	1,36	f. v. l.	f. v. l.	f. v. l.	f. v. l.	98,49	f. v l.	„
„ commun. B.	v. l.	v. l.	v. l.	v. l.	v. l.	4,84	v. l.	„
„ „ C.	„	„	„	„	„	4,29	„	„
„ laricina „	„	„	„	„	„	1,11	„	v. l.
„ „ A.	„	„	„	„	„	f v. l	„	f. v. l.
„ „ B.	„	„	„	„	„	„	„	v. l.
„ „ I. D.	„	„	„	„	„	„	„	„
„ „ dep. A.	„	„	„	„	„	„	„	„
„ „ L.	„	f. v. l.	„	„	„	0,26	„	f. v. l.
„ Gallic. com. A.	„	„	„	„	„	5,96	„	„
„ „ D.	„	v. l.	„	„	„	4,92	„	„

Über Bromzahlen.

Schon öfter ist der Versuch gemacht worden, die Jodzahlen bei der Untersuchung der Fette und Öle durch die Bromzahlen zu ersetzen. Keine der vorgeschlagenen Methoden hat aber bis jetzt allgemeine Aufnahme gefunden. Das letztere gilt auch von dem durch Schlagdenhauffen und Braun *) angegebenen Verfahren, bei welchem manche Mängel der früheren Methoden vermieden sind.

Wir geben das Verfahren hier wieder.

„Man löst etwa 2,5 g Öl in Chloroform oder Schwefelkohlenstoff zu einem bestimmten Volumen, z. B. 50,0 ccm, und versetzt einen aliquoten Teil der Lösung, etwa 10,0 ccm, nach und nach mit einer Lösung von Brom in Chloroform oder Schwefelkohlenstoff, bis die gelbe Färbung selbst nach dem Schütteln bleibend ist. Sodann fügt man verdünnte Jodkaliumlösung und Stärkekleister hinzu und titriert das freie Jod mit Natriumthiosulfat. Die von 1,0 Öl absorbierte Brommenge ist die Bromzahl des Öles.“

Wir erhielten nach dieser Methode die nachstehenden Bromzahlen:

Lösung von Brom in Chloroform.

Ol. Olivarum	Ol. Cocos	Ol. Lini
51,62	6,9	88,82
51,93	6,9	90,10
51,93	6,7	89,07

Lösung von Brom in Schwefelkohlenstoff.

Ol. Olivarum

49,63	49,12	49.00	49,38

Die mit der Lösung von Brom in Chloroform erhaltenen Zahlen stimmen, wenn man vom Leinöl absieht, untereinander ziemlich gut überein. Trotzdem wird die Bestimmung der Bromzahl die Hübl'sche Jodadditionsmethode nach unserer Ansicht kaum verdrängen, da sie

---

*) Journ. Pharm. - Chim. 1891, 5. Sér. 23, 97 durch Chemik. Ztg. Rep. 1891, 83.

die letztere weder an Einfachheit noch an Genauigkeit übertrifft, und da es sich mit der Hübl'schen Lösung bedeutend angenehmer arbeitet. Ausserdem geht der Titer einer Lösung von Brom in Chloroform sehr rasch zurück.

Die mit der Brom-Schwefelkohlenstofflösung erhaltenen Zahlen befriedigen nicht. Hierzu kommt, dass das Arbeiten mit einer derartigen Lösung durchaus nicht zu den Annehmlichkeiten gehört. An Haltbarkeit übertrifft sie allerdings die Brom-Chloroformlösung.

Cera alba et flava.

Die Untersuchung des Wachses führten wir auch im letzten Jahre wieder nach der bewährten Hübl'schen Methode aus. Ausserdem bestimmten wir das spez. Gewicht.

Wir erhielten folgende Durchschnittszahlen:

	Weisses Wachs	Gelbes Wachs
Spez. Gewicht	0,961	0,962 — 0,965
Säurezahl	16,56	17,69 — 21,83
Esterzahl	71,07	71,61 — 78,00
Verseifungszahl	87,63	91,05 — 98,94

Vier Muster gelbes Wachs mussten auf Grund der folgenden Zahlen als verdächtig zurückgewiesen werden:

	Spez. Gew.	Säurezahl	Esterzahl	Verseifungszahl
1	0,963	20.90	83,06	103,96
2	0.963	20,90	84,93	105,83
3	0,963	20,59	67,97	88,56
4	0,964	19.57	68,70	88,27

Bei 1 und 2 ist Ester- und Verseifungszahl zu hoch und bei 3 und 4 zu niedrig.

Ein anderes Wachsmuster, welches uns zur Begutachtung übergeben wurde, war offenbar mit Ceresin gefälscht.

Dasselbe ergab die folgenden Zahlen:

> 0,952 spez. Gew. b. 15 ⁰ C,
> 14,80 Säurezahl,
> 55,07 Esterzahl,
> 69,87 Verseifungszahl.

Geruch und Farbe dieses Wachses waren vollständig normal.

Benedikt und Mangold*) machen darauf aufmerksam, dass sich
manche Wachssorten, besonders die mit Ceresin gefälschten, mit
alkoholischer Kalilauge sehr schwer verseifen. Sie haben daher die
Hübl'sche Methode in der folgenden Weise abgeändert:

„Man bestimmt zunächst die Säurezahl nach Hübls Angaben durch Titration mit $^1/_2$-Normallauge. Statt der von
Hübl vorgeschriebenen 3--4 g nimmt man aber 7—10 g Wachs
in Arbeit, um die Fehlergrenzen zu verringern.

Ferner löst man ca. 20 g Kalihydrat in einer halb-
kugeligen Porzellanschale von 350—500 ccm Inhalt in 15 ccm
Wasser, erhitzt auf einem Drahtnetze bis zum beginnenden Sieden
und fügt ca. 20 g der Wachsprobe, welche man vorher auf
dem Wasserbade geschmolzen hat, unter Umrühren hinzu.
Das Erhitzen wird mit kleiner Flamme unter beständigem,
lebhaften Umrühren noch 10 Minuten fortgesetzt. Man verdünnt dann mit 20 ccm Wasser, erwärmt und säuert mit
40 ccm vorher mit Wasser ein wenig verdünnter Salzsäure
an. Man kocht bis die aufschwimmende Schicht vollständig
klar ist, lässt erkalten und reinigt den Wachskuchen durch
dreimaliges Auskochen mit Wasser, dem man das erste Mal
etwas Salzsäure zusetzt. Zuletzt hebt man den Kuchen ab,
wischt ihn mit Filtrierpapier ab, schmilzt im Trockenkasten
und filtriert. Die filtrierten noch flüssigen Fettsäuren giesst
man auf ein Uhrglas aus und bricht nach dem Erkalten in
Stücke. 6—8 g des in dieser Weise erhaltenen „auf-
geschlossenen Wachses" übergiesst man mit säurefreiem
Alkohol, erhitzt auf dem Wasserbade und titriert nach Zusatz
von Phenolphtaleïn."

---

*) Chemiker-Zeitung 1891, 474.

Wir haben nach der vorstehenden Methode 2 Bestimmungen mit reinem Wachs und je eine Bestimmung mit demselben Wachs, nachdem wir es mit 5, 10 bez. 20 % Ceresin zusammengeschmolzen hatten, ausgeführt. Ausserdem haben wir noch jede dieser 4 Proben nach der alten Hübl'schen Methode untersucht.

Die folgende Tabelle enthält die erhaltenen Zahlen:

Wachs	Gesamt-säurezahl		Säurezahl	Esterzahl	Verseifungs-zahl
	I	II.			
Reines Wachs	82,07	81,91	19,34	74,09	93,43
Wachs + 5 % Ceresin	80,06		18,39	70,24	88,63
„ + 10 % „	75,69		16,98	66,86	83,84
„ + 20 % „	67,44		15,20	59,16	74,36

Die als Gesamtsäurezahl gefundenen Daten liegen bedeutend niedriger als die von den Verfassern erhaltenen.

Dieselben fanden:

reines Wachs . . . . . . 92,3 Gesamtsäurezahl,

Wachs + 20 % Ceresin 74,3 „

Eine Erklärung dieser grossen Unterschiede können wir vorläufig nicht geben.

Selbst wenn sich für die beiderseitig erhaltenen verschiedenen Resultate eine befriedigende Erklärung finden sollte, so liegt nach unserer Ansicht doch kein Grund vor. die alte. bewährte und einfache Hübl'sche Methode in der von Benedikt und Mangold vorgeschlagenen Weise umzuändern. Jedenfalls dürften die oben neben den Gesamtsäurezahlen aufgeführten, nach der Hübl'schen Methode erhaltenen Zahlen zur Genüge beweisen, dass es sehr wohl möglich ist, nach derselben. selbst bei einem hohen Ceresingehalte des Wachses, eine vollständige Verseifung zu erzielen. Der Behauptung, dass die Fehlergrenzen bei Verwendung von nur 3—4 g Wachs etwas sehr gross sind, müssen wir allerdings beistimmen. Bei einiger Übung und bei Beobachtung der nötigen Vorsichtsmassregeln lassen sich die Titrierfehler aber auch bei Verwendung von nur 3 g Wachs auf ein erlaubtes Mass beschränken.

Wir führen die Verseifung zur Bestimmung der Esterzahl schon seit Jahren nicht im Wasserbade, sondern im Sandbade aus. Infolge des hierdurch bewirkten lebhaften Kochens der Mischung ist es uns bis jetzt immer gelungen, in längstens einer Stunde eine vollständige Verseifung zu erzielen. Ist das zu untersuchende Wachs ceresinhaltig, so tritt mitunter heftiges Stossen der Mischung ein.

Dieses Stossen lässt sich vollständig oder fast vollständig durch ein Steinchen, welches man vor dem Kochen in die Mischung bringt, beseitigen. Das Einstellen der Kalilauge führen wir immer in der Weise aus, dass wir mit der Lauge in die $^1/_2$-Normal-Schwefelsäure titrieren.

Während des Titrierens suchen wir eine Berührung der mit der alkoholischen Kalilauge gefüllten Bürette möglichst zu vermeiden, um eine Erwärmung und Ausdehnung der Lauge zu verhindern. —

Folgende neue qualitative Prüfungsmethode des Wachses giebt H. Hager*) an:

> „Übergiesst man reines Bienenwachs von der Form einer cylindrischen Säule mit Petrolbenzin, so dringt die Flüssigkeit allmählich in die Wachsmasse ein und es lösen sich vom reinen Wachs sehr kleine Flocken oder staubförmige Partikel ab. Schliesslich zerfällt die ganze Wachsmasse. Nach 1 - 2 Stunden besteht der Inhalt des Reagiercylinders aus 2 Schichten, einer unteren gleichförmigen Wachspartikelschicht und einer oberen klaren Benzinschicht. Wachs mit fremden Beimengungen verhält sich je nach dem Gehalt an solchen mehr oder weniger resistent gegen Benzin. Dasselbe bleibt oft 2—4 Tage unverändert. Bei 8—20 $^0/_0$ betragender Beimischung schwillt der Wachscylinder etwas schneller an. Die Aussenschicht zeigt nach und nach 4—12 Längsteile oder stabförmige Teile, welche durch schmale durchscheinende oder vertieft scheinende Linien oder Streifen von einander getrennt sind. Betragen die fremden Beimischungen nur wenige Prozente, so lösen sich vom Wachs einige Minuten nach dem Übergiessen mit Benzin Flocken ab.
>
> Nach einem halben oder ganzen Tage besteht das Wachssediment nicht aus einer gleichförmigen Masse, sondern aus Flocken, durchsetzt mit gebrochenen Längssäulen oder mit Bruchstücken derselben."

*) Chemiker-Zeitung 1891, Rep. 307.

Wir haben die vorstehenden Angaben mit reinem Wachs und mit einem mit 5 $\%$ und einem anderen mit 20 $\%$ Ceresin gefälschten Wachs durchprobiert und können dieselben im allgemeinen bestätigen. Die Unterschiede in dem Verhalten des Benzins gegen reines Wachs und gegen Wachs, welches mit 5 $\%$ Ceresin gefälscht ist, sind aber derartig geringe, dass man nur bei grosser Übung im stande ist, einen einigermassen sicheren Schluss zu ziehen. —

Eine qualitative Prüfungsmethode auf Stearinsäure ist von Röttger und Fehling*) angegeben worden:

> „Man kocht 1,0 g des zu untersuchenden Wachses mit 10 ccm 80 $\%$ Spiritus in einem Reagiercylinder einige Minuten und lässt dann auf 18—20^0 erkalten. Man filtriert nun in einen gleichgrossen Reagiercylinder, fügt Wasser hinzu und schüttelt kräftig um; die Stearinsäure scheidet sich sofort auf der Oberfläche der Flüssigkeit in Flocken ab.“

Wir haben auch diese Methode nachgeprüft und können bestätigen, dass sich noch bei einem Gehalte von 1 $\%$ Stearinsäure Flocken auf der Oberfläche des Alkohols ausscheiden. Bei der Ausführung derselben wird es sich aber immer empfehlen, eine Vergleichs-Probe mit reinem Wachs zu machen.

---

*) Pharmac. Centralhalle 1890, 384.

Charta sinapisata.

Auch im letzten Jahre haben wir die Untersuchung des Senfpapieres in der früheren Weise fortgesetzt. Wir erhielten die folgenden
Zahlen:

Senfmehlmenge auf 100 ☐ cm Senfpapier	Senföl nach 10 Minuten auf 100 ☐ cm Senfpapier	% Senföl auf Senfmehl berechnet
1,59	0,0172	1,07
1,65	0,0178	1,07
1,69	0,0193	1,14
2,48	0,0262	1,06
1,86	0,0227	1,22
1,99	0,0223	1,12
2,49	0,0385	1,54
2,15	0,0210	0,97
2,16	0,0266	1,24
1,62	0,0167	1,03
2,41	0,0245	1,01
3,39	0,0383	1,13
2,48	0,0275	1,11
1,51—3,39	0,0154—0,0385	0,97—1,54

Die nachstehende Zusammenstellung enthält die niedrigsten und
höchsten Werte der letzten 5 Jahre:

Jahr	Senfmehlmenge auf 100 ☐ cm Senfpapier	Senföl nach 10 Minuten auf 100 ☐ cm Senfpapier	% Senföl auf Senfmehl berechnet
1887	1,74—4,33	0,0220—0,0494	1,12—1,53
1888	1,67—2,70	0,0210—0,0344	1,02—1,43
1889	1,85—2,70	0,0223—0,0339	1,04—1,39
1890	1,72—3,17	0,0206—0,0538	0,99—1,79
1891	1,51—3,39	0,0154—0,0385	0,97—1,54
1887—1891	1,51—4,33	0,0154—0,0538	0,97—1,79

Vor einiger Zeit hatten wir Gelegenheit, zwei Muster eines von anderer Seite in den Handel gebrachten Senfpapieres zu untersuchen. Dieselben ergaben die nachstehenden Daten:

	Senfmehlmenge auf 100 ☐ cm Senfpapier	Senföl nach 10 Minuten auf 100 ☐ cm Senfpapier	% Senföl auf Senfmehl berechnet
1	1,33	0,0159	1,19
2	1,51	0,0153	1,01

Dieses Senfpapier hatte demnach auf 100 ☐ cm im Mittel nur

1,42 g Senfmehl,

während wir bei dem hiesigen Fabrikate im letzten Jahre durchschnittlich

2,15 g Senfmehl

auf der gleichen Fläche nachgewiesen haben.

Die obige Thatsache dürfte wieder einmal beweisen, wie notwendig es ist, auch an das Senfpapier bestimmte Anforderungen zu stellen.

Eine neue Methode zur Bestimmung des Senföles hat Schlicht *) angegeben.

Nach den Angaben des Verfassers durchschüttelt man eine abgewogene Menge Senföl mit einem bedeutenden Überschusse von alkalischer Permanganatlösung — es soll ungefähr das zwanzigfache vom Senföl an schwefelsäurefreiem Permanganat und ein Viertel von diesem an schwefelsäurefreiem Kaliumhydroxyd zur Verwendung kommen — und erhitzt unter wiederholtem Umschütteln bis fast zum Sieden. Nachdem sich die Flüssigkeit etwas abgekühlt hat, entfernt man das überschüssige Kaliumpermanganat durch Alkohol (auf 5,0 Permanganat ungefähr 25,0 ccm Alkohol). Die vollständig erkaltete Flüssigkeit füllt man auf 500,0 oder 1000,0 ccm auf, schüttelt kräftig um und filtriert durch ein Faltenfilter. Einen abgemessenen Teil des Filtrates säuert man mit Salzsäure schwach an und versetzt ihn dann mit soviel Jodjodkaliumlösung, dass auch beim Erwärmen eine schwach gelbe Farbe bleibt. Aus dieser Flüssigkeit fällt man die Schwefelsäure als Baryumsulfat und rechnet das letztere durch Multiplikation mit 0,42492 auf Senföl um.

---

*) Zeitschrift für analytische Chemie 1891, 663.

Wir haben nach der vorstehenden Methode einige Bestimmungen ausgeführt und die folgenden Resultate erhalten:

	Angewandtes Senföl	Gefundene Menge Senföl
1)	0,1362	0,1345
2)	0,1335	0,1321
3)	0,1072	0,1051

Berücksichtigt man die Flüchtigkeit des Senföles, so sind diese Resultate als befriedigende zu bezeichnen. Einen Vorzug vermögen wir dem von Schlicht ausgearbeiteten Verfahren vor der seiner Zeit von uns angegebenen*) und schon seit Jahren angewandten Methode aber nicht einzuräumen. Wir halten im Gegenteil unser Verfahren für zweckentsprechender, da es sich bei gleicher Zuverlässigkeit durch grössere Einfachheit auszeichnet.

---

*) Helfenb. Annalen 1886, 60 u. 61.

Emplastra.

Die im vorigen Jahre zum erstenmale ausgeführte Bestimmung des Gewichtsverlustes der Pflaster bei 100° haben wir in diesem Jahre fortgesetzt. Wir erhielten folgende Zahlen:

Empl. adhaesiv. mite Dieterich	Empl. adhaesiv. D. A. III	Empl. Cerussae	Empl. Lithargyri	Empl. Lithargyri comp.	Empl. saponat.
1,57 %	1,80 %	0,8 %	1,62 %	1,55 %	3,85 %
2,55 „	2,20 „	—	2,30 „	2,95 „	4,25 „
—	—	—	—	2,35 „	5,15 „
—	—	—	—	2,15 „	—
—	—	—	—	2,40 „	—
1,57–2,55%	1,80–2,20%	0,8 %	1,62–2,30%	1,55–2,95%	3,85–5.15%

Die vorstehenden Werte sind im Durchschnitt etwas höher als die im Vorjahre erhaltenen. Dies ist dem Umstande zuzuschreiben, dass mit drei Ausnahmen die Pflaster sofort nach der Fertigstellung untersucht wurden, während die im Vorjahre untersuchten Proben dem Lager entnommen worden waren.

Extracta.

Eine Klärung der Ansichten über den Wert und die Vorzüge der verschiedenen Untersuchungsmethoden für Extrakte ist bis heute noch nicht erfolgt. Die Aussicht hierzu scheint auch vorläufig ziemlich gering zu sein, da die Urteile in manchen Fällen noch immer ganz verschieden lauten. Das letztere gilt besonders von den Methoden zur quantitativen Bestimmung der Alkaloide im Belladonna-, Hyoscyamus-, Aconit- und Strychnos-Extrakt. Von diesen kommen nach dem heutigen Stande dieser Frage nur die Ausschüttelungsmethode von Beckurts, die auf dem gleichen Prinzip beruhende Methode von Schweissinger und Sarnow und die Helfenberger Äther-Kalkmethode in Betracht.

Beckurts *) sagte auf der 20. Generalversammlung des Deutschen Apothekervereins über die Helfenberger Äther-Kalkmethode unter anderem das folgende:

> „Nach genauer Berücksichtigung dieser Massregel, und bei Benutzung von Äther, nicht von Chloroform, als Extraktionsmittel haben die Urteile über die Brauchbarkeit des Dieterich'schen Verfahrens günstig gelautet — seine relative Umständlichkeit für das pharmaceutische Laboratorium bleibt leider bestehen."

Auf Grund dieses Urteils glaubt Beckurts seiner Methode den Vorzug geben zu müssen.

Wir möchten nun zunächst bemerken, dass wir die Befolgung aller Vorschriften bei der Ausführung einer derartigen Methode für selbstverständlich halten. und dass also bei der Äther-Kalkmethode, wie wir sie seinerzeit aufstellten, Chloroform gar nicht in Betracht kommen kann.

Ferner möge es uns gestattet sein, noch einmal auf die Vorteile und Nachteile der Ausschüttelungsmethoden und der Äther-Kalkmethode hinzuweisen. Nach der Methode von Beckurts erhält man mehr oder weniger gefärbte Alkaloidlösungen; die Titration der Alkaloide kann daher nur bei grosser Übung mit Genauigkeit ausgeführt werden.

Bei der Methode von Schweissinger und Sarnow macht sich dieser Übelstand allerdings nicht in dem Grade geltend, wie bei der Beckurts' schen; er ist aber immer noch hinreichend, um sich sehr unangenehm

---

*) Apotheker-Zeitung 1891, 79.

bemerkbar zu machen. Ausserdem erhält man nach der letzteren Methode auch etwas zu niedrige Zahlen.

Die Äther-Kalkmethode liefert farblose oder doch nur sehr wenig gefärbte Alkaloidlösungen, so dass die Titration der Alkaloide auch von weniger Geübten mit hinreichender Genauigkeit ausgeführt werden kann.

Der Vorzug der Ausschüttelungsmethoden besteht darin, dass bei der Ausführung derselben kein Extraktionsapparat nötig ist. Dieser Umstand dürfte aber kaum ins Gewicht fallen, wenn man bei der Ausführung der Äther-Kalkmethode den seinerzeit in diesen Annalen *) beschriebenen sehr einfachen und sehr leicht zu handhabenden Barthel'schen Extraktionsapparat benutzt.

Nach dem Vorstehenden dürfte man wohl kaum im Zweifel sein, welche Methode vorzuziehen ist! Auf die Anerkennung, welche der Äther-Kalkmethode auch von anderer Seite zu teil geworden ist, haben wir schon öfter hingewiesen. Im hiesigen Laboratorium wird dieselbe nach wie vor mit dem besten Erfolge angewandt. Ausserhalb desselben erfreut sie sich aber auch immer weiterer Aufnahme. Wir verweisen hier nur auf die jüngsten Veröffentlichungen von Traub **) und auf die Arbeit von Schütte. ***)

Nach der Methode von Schweissinger und Sarnow erhielt Traub **) auch etwas weniger Alkaloide als nach der Äther-Kalkmethode.

Auf die von Lloyd †) veröffentlichte „Wertbestimmungsmethode narkotischer Extrakte" werden wir weiter unten näher eingehen.

Ferner werden wir die bis jetzt sehr vernachlässigten Identitätsreaktionen für Extrakte in einer besonderen Arbeit ausführlich besprechen.

Extracta spissa et sicca.

Dicke und trockene Extrakte kamen in diesem Jahre wieder sehr häufig zur Untersuchung. Bei Hyoscyamus-, Belladonna-, Aconit-, Strychnos- und Opium-Extrakt beschränkten wir uns auf die Bestimmung des Alkaloidgehaltes. Im übrigen haben wir die Untersuchungsweise nicht geändert.

Die folgende Tabelle enthält die erzielten Zahlen:

---

*) Helfenb. Annalen 1878, 32.

**) Schweiz. Wochenschr. f. Pharm. 1892, 24 durch Apotheker-Zeitung, Repert. 1892, 29.

***) Archiv der Pharmacie 1891, 507.

†) Pharmaceutische Rundschau, New-York, 1891, IX, 6, 128.

Extractum	% Feuchtigkeit	% Asche	K_2CO_3 in 100 Asche	% Alkaloide	
Aconiti	—	—	—	1,94	
Belladonnae	—	—	—	1,02	
„ sicc.	—	—	—	0,53	
Calami	22,20	7,5	—	—	
Cannabis	11,02	11,32	16,45	—	
Centaurii	19,75	9,15	15,08	—	
Chinae aquos.	22,95	7,55	24,20	—	
„ spir.	4,95	0,95	18,20	—	
Colocynthidis	1,85	18,92	42,84	—	
„	1,55	19,20	42,21	—	
„	2,42	20,30	39,26	—	
„	2,10	18,65	46,72	—	
Ferri pomat.	20,25	17,05	8,65	—	9,38 %
„	24,05	20,50	7,15	—	8,80 „ } Fe
„	22,40	10,70	15,33	—	6,07 „
Filicis	1,50	0,55	—	—	
„	2,10	0,55	—	—	
„	1,50	0,50	—	—	
Gentianae	17,70	4,30	48,10	--	
Graminis	20,35	11,30	48,84	—	
„	20,44	5,39	49,20	—	
„	21,25	14,70	61,25	—	
„	21,00	6,57	53,80	—	
Hyoscyami	—	—	—	0,93	
„	—	—	—	0,63	
„	—	—	—	0,67	
„	—	—	—	0,89	
„	—	—	—	0,97	
Malti	24,85	1,40	—	--	61,60 %
„	24,00	1,50	—	—	66,07 „
„	23,65	1,35	—	—	59,20 „
„	24,95	1,35	—	—	59,20 „ } Maltose
„	25,85	1,25	—	—	62,00 „
„	26,30	1,35	—	—	64,35 „
„	23,05	1,37	—	—	62,70 „
„	22,80	1,30	—	—	68,50 „
Opii	—	—	—	22,90	
„	—	—	—	20,87	
Rhei	5,60	6,10	32,78	—	
Strychni spir.	—	—	—	16,01	
„	—	—	—	19,11	
„	--	—	—	19,65	
„	—	—	—	18,02	
„	—	—	—	18,38	
Secalis cornuti	24,10	9,00	29,02	—	
„	18,10	7,65	49,80	—	
Tamarindorum	27,25	2,00	30,00	—	18,75 %
„	29,02	1,87	46,00	—	18,71 Säure

Die nachstehende Tabelle enthält die niedrigsten und höchsten Werte der letzten 6 Jahre.

Extractum	% Feuchtigkeit	% Asche	K_2CO_3 in 100 Asche	% Alkaloide
Absinthii	15,23 —22,40	16,20—25,90	32,70 —48,10	—
Aconiti	—	—	—	1,25—1,94
„ sicc.	—	—	—	0,42—0,90
Aloës	4,23— 5,86	0,90 - 2,50	13,60—25,55	—
Belladonnae	—	—	—	0,86—1.51
„ sicc	—	—	—	0,46—0.53
Cannabis	5,93—15,50	0,26—11,32	Spuren—74,40	—
Cardui bendicti	21,90—25,50	19,16—24,40	9,43—30,01	—
Cascarillae	19,80—33,93	14,90—35,86	5,10—41,70	—
Chelidonii	21,30	20,20	60,12	—
Chinae aquos.	18,33 — 26,43	5,43—8,23	10,94—32,58	—
„ spirit.	2,30—7,23	0,95 2,80	18,20 -25,22	—
Colocynthidis	0,90—3,60	14,90—26,30	36,32 —62,60	—
Colombo	3,43— 7,70	16,10—17,83	12,80—46,69	—
Digitalis	13,16—23,90	8,80—17,56	46,00—65,30	—
Dulcamarae	24,20—29,50	11,70—13,10	21,07— 35,04	—
Ferri pomat.	20,25 --29,23	9,73—20,50	3,60 —15,33	—
Filicis	0,60—9,73	0,26—0,63	—	—
Gentianae	12,50—23,70	2,23—4,76	13,03 — 59,50	—
Helenii	16,76—28,50	6,30—7,26	26,17—41,18	—
Hyoscyami	—	—	—	0,63 –1,40
„ sicc.	—	—	—	0,37—0,52
Lactucae viros.	15,60—24,40	23,20—29,20	32,19—41.03	—
Liquirit radic.	21,10—27,86	3,60 —9,60	7,50--29,70	—
Malti spiss.	20,16 —28,10	0,90—1,93	—	—
Millefolii	18,23— 24,20	18,90—21,83	34,65 —48,80	—
Myrrhae	5,75— 10,25	6,50—8,10	4,30—5,30	—
Opii	—	—	—	22,60—28,50
Quassiae	5,16—5,40	21,10—32,20	11,99—18,83	—
Ratanhiae	2,33—8,40	1,66—6,30	5,40—18,70	—
Rhei	1,36—7,73	4,05—6,10	30,30—51,47	—
Sabinae	15,40—23,36	2,63—3,33	41,90—47,91	—
Scillae	13,06—18,50	0,70—0,93	32,86 --49,00	—
Secalis cornut.	16,20—24,10	7,00—11,10	25,86 —49,80	—
Strychni spir.	—	—	—	15,47 —19,70
Tamarindor.	21,76—33,16	1,30—2,53	Spuren— 53,10	—
Taraxaci	18,20—20,90	9,50 –21,00	21,90—61,70	—
Trifolii fibrin.	14,50—16,63	11,26—15,80	55,30—73,53	—
Valerianae	12,95—17,73	4,93 6,20	44,40—55,98	—

Der schwankende Alkaloidgehalt der narkotischen Extrakte zeigt abermals, wie notwendig es sich macht, dass von dem Arzneibuch ein in bestimmten Grenzen liegender Alkaloidgehalt gefordert wird. In welcher Weise ein nicht vorschriftsmässiges Extrakt auf den richtigen Gehalt zu bringen wäre, haben wir schon vor 2 Jahren*) angegeben.

Der Aschengehalt und der Gehalt an Kaliumkarbonat in der Asche schwanken bei ein und demselben Extrakt meist so bedeutend, dass man auf Grund derselben nur ganz groben Verfälschungen auf die Spur kommen kann. Aus diesem Grunde haben wir uns bei den narkotischen Extrakten auf die Bestimmung des Alkaloidgehaltes beschränkt.

Extracta fluida.

Die nachstehende Zusammenstellung enthält die bei der Untersuchung der Fluidextrakte gefundenen Werte:

Extractum fluidum	Spez. Gew.	$\%$ Trockenrückstand	$\%$ Asche
Cascarae sagradae	1,094	32,50	1,24
„ „	1,076	26,34	1,02
„ „	1,091	33,39	1,05
Colae	0,934	11,64	0,98
Condurango D. A. III .	1,031	15,60	1,22
„ „ .	1,037	15,96	1,30
Damianae	1,028	26,66	1,56
Frangulae D. A. III . .	1,040	17,76	0,64
„ „ . .	1,037	17,72	0,72
Gossypii	0,979	27,90	0,66
Grindeliae	0,891	21,50	2,22
Hydrastis canad. D. A. III	0,981	20,92	2,72
„ „ „ ,	0,961	15,22	0,60
„ „ „	0,988	18,48	0,62
Secalis cornuti D. A. III	1,052	15,46	2,10
„ „ „	0,996	12,38	1,32

*) Helfenb. Annalen 1889, 32.

Die vorstehenden Zahlen schwanken unter einander und im Vergleich mit den im vorigen Jahre erhaltenen zum Teil sehr bedeutend. Bei dem verhältnismässig geringen Zahlenmaterial, welches uns bis jetzt zur Verfügung steht, enthalten wir uns aber vorläufig noch jeder weiteren Schlussfolgerung.

Lloyds Wertbestimmungsmethode narkotischer Extrakte.

Im nachstehenden erlauben wir uns über eine im letzten Jahre von J. U. Lloyd veröffentlichte Alkaloidbestimmungsmethode für Extrakte zu berichten. Dieselbe soll sich für alle alkaloidhaltigen Extrakte eignen.

In seiner ersten Mitteilung macht J. U. Lloyd*) Angaben über die Anwendung seiner Methode bei Fluidextrakten. Er teilt dieselben in drei Gruppen. Bei jeder Gruppe ist die Ausführung des Verfahrens etwas anders:

I. Gruppe:

Extractum Guaranae fluidum.

„5,0 ccm Extrakt mischt man innig mit 2,0 ccm Liq. Ferri chloridi U. S. P. und setzt der Mischung so viel Natriumbikarbonat hinzu, dass ein dickes Magma entsteht. Dieses Magma erschöpft man durch Reiben mit einem Pistill zuerst mit 20,0 ccm und dann dreimal mit je 10,0 ccm Chloroform, teilt die Chloroformauszüge in 2 gleiche Teile und lässt den einen Teil in einem Uhrglase oder einer Porzellanschale eindunsten. Den Rückstand trocknet man bei mässiger Wärme bis zur Gewichtskonstanz. Das Gewicht des Rückstandes mit 40 multipliziert giebt den Prozentgehalt des Extraktes an Koffeïn an.

Mit der anderen Hälfte der Chloroformauszüge kann man event. eine Kontrollbestimmung ausführen.“

II. Gruppe:

Extractum Ipecacuanhae fluidum,
„   radicis Belladonnae fluidum,
„   „   Aconiti   „   ,
„   nucis vomicae   „   .

Das unter I angegebene Verfahren ändert man in folgender Weise: „Man nimmt nicht 2,0 sondern 1,0 ccm Liq. Ferri chlor.

---

*) Pharmaceutische Rundschau, New-York, 1891, IX, 6, 128.

Die Chloroformauszüge behandelt man dreimal hintereinander mit je 10,0 ccm einer 1:50 verdünnten Schwefelsäure. Die so erhaltenen wässerigen Alkaloidlösungen macht man mit Ammoniak schwach alkalisch und schüttelt dreimal hintereinander mit je 10,0 ccm Chloroform aus. Mit diesen Chloroformauszügen verfährt man weiter wie bei Gruppe I angegeben ist."

III. Gruppe:

Extractum Hyoscyami fluidum,

„   **fol. Belladonnae fluidum,**

„   „   **Erythroxyli**   „

„Man, verfährt wie bei der zweiten Gruppe mit der Abänderung, dass man die saure Lösung der Alkaloide, bevor man sie alkalisch macht und mit Chloroform ausschüttelt, mit je 10,0 ccm Äther behandelt, um das Chlorophyll zu entfernen."

In einer späteren Mitteilung*) giebt Lloyd die nachstehende Modifikation seiner Methode für dicke und trockne Extrakte an:

„Man verreibt 1,0 g Extrakt mit 4,0 ccm eines Gemisches aus gleichen Teilen Liq. Ferr. chlorid. und Wasser und behandelt diese Mischung dann in der bei der II. Gruppe von Fluidextrakten angegebenen Weise."

Nach Prof. Lloyd übertrifft diese neue Alkaloidbestimmungsmethode alle bisher bekannten an Genauigkeit, an Einfachheit und an Schnelligkeit der Ausführung. Leider versäumt er aber für diese Behauptungen die nötigen Beweise zu erbringen.

Um die Angaben Lloyds auf ihren wirklichen Wert zu prüfen, haben wir mit einem Belladonnaextrakt, dessen Alkaloidgehalt nach der Äther-Kalkmethode **1,02 %** betrug, einige Bestimmungen nach dem Lloyd'schen Verfahren ausgeführt. Zur Kontrolle haben wir die Rückstände der Chloroformauszüge nach dem Wägen jedesmal mit $^{1}/_{100}$-Normal-Schwefelsäure titriert.

Wir erhielten die folgenden Resultate:

% Alkaloide

gewogen	titriert
1,0	0,549
1,2	0,867
0,9	0,635.

---

*) Pharmac. Rundsch., New-York, 1891, 189 d. Pharmac. Ztg. 1891, 65.

Die obigen Zahlen dürften die Unzuverlässigkeit der Lloyd'schen Methode genügend beweisen.

Diese Unzuverlässigkeit kann auch durchaus nicht überraschen, wenn man bedenkt, dass Lloyd alle Erfahrungen,*) welche bisher bei der Bestimmung des Alkaloidgehaltes narkotischer Extrakte gemacht worden sind, unbeachtet gelassen hat. An Zeit erfordert die Methode mindestens ebensoviel wie alle anderen.

In der schon oben erwähnten späteren Mitteilung giebt Lloyd verschiedene Änderungen seiner Methode an. So hält er es in vielen Fällen für angebracht, zum Ausziehen des steifen und zähen Magmas ammoniakhaltiges Chloroform zu verwenden u. s. w. Da sich Lloyd in dieser zweiten Mitteilung auch nur auf allgemeine Angaben ohne Beweise beschränkt, so unterlassen wir es, näher auf dieselben einzugehen.

Identitätsreaktionen verschiedener Extrakte.

Trotzdem es eine ganz allgemein feststehende Regel ist, dass man, bevor man die Bestandteile irgend eines Körpers oder irgend eines Gemisches quantitativ bestimmt, zunächst eine Identitätsbestimmung dieser Bestandteile ausführt, hat man diese Regel bei der Ausarbeitung von Untersuchungsmethoden für Extrakte vielfach ausser acht gelassen. Dass eine Innehaltung dieser Reihenfolge auch bei der Untersuchung von Extrakten notwendig ist, dürfte wohl von keiner Seite bestritten werden. Wir wollen hier nur daran erinnern, dass zum Zweck einer Fälschung der Versuch gemacht werden kann, den Alkaloidgehalt eines verdorbenen teueren narkotischen Extraktes durch Zusatz eines billigen Alkaloides zu erhöhen. In diesem Falle würde die quantitative Bestimmung der Alkaloide ohne Identitätsnachweis zu vollständig falschen Schlüssen über den Wert des betreffenden Extraktes verleiten. Für solche Extrakte, deren charakteristische und wirksame Bestandteile bis jetzt noch nicht quantitativ bestimmt werden können, sind Identitätsreaktionen mindestens von gleicher Wichtigkeit.

Das Deutsche Arzneibuch beschränkt sich bei der Charakterisierung der Extrakte auf die nachstehenden äusserlichen Merkmale: braun, gelbbraun, dunkelbraun, rotbraun, grünschwarz, grünlich, dunkelbraunrot, gelbbraun bis rotbraun, grünlich braun, gelblich braun, schwärzlichbraun, schwarzbraun, in Wasser trübe löslich, in Wasser klar löslich,

---

*) Helfenb. Annalen 1886, 13—27.

in Wasser unlöslich! Ausgenommen ist Opiumextrakt, für welches das Arzneibuch bekanntlich die im hiesigen Laboratorium ausgearbeitete Morphinbestimmungsmethode aufgenommen hat.

Niemand wird behaupten können und wollen, dass es mit Hilfe dieser Angaben des Arzneibuches auch nur annähernd möglich ist, ein Extrakt zu identifizieren. Dieses Fehlen aller Identitätsreaktionen dürfte auf den Mangel an einfachen und genau ausgearbeiteten Methoden zurückzuführen sein.

Leuken*) hat seiner Zeit allerdings eine Arbeit „über Identitätsreaktionen einiger narkotischer Extrakte" veröffentlicht. Das von demselben angewandte Verfahren ist aber ziemlich umständlich und nicht genügend ausgearbeitet.

Er macht ausserdem nur Angaben über Akonit-, Belladonna-, Hyoscyamus- und Digitalis-Extrakt.

Auch von anderer Seite sind Reaktionen für einige Extrakte vorgeschlagen worden. So empfiehlt Kremel**) für den Identitätsnachweis von Aloëextrakt Klunges Kupraloïnreaktion.

Für Strychnosextrakt hat Schweissinger***) eine Identitatsreaktion angegeben. Hager versucht in seinem Kommentar zur Ph. Germ. II die Identität der Extrakte durch das Verhalten ihrer Lösungen gegen die allgemeinen Alkaloidreagentien und gegen Metallsalze nachzuweisen.

Alle diese Methoden haben sich aber aus den schon oben angeführten Gründen bis jetzt keine Geltung verschaffen können.

Da also in dieser Richtung entschieden eine Lücke auszufüllen ist, so haben wir uns mit der Aufsuchung von Identitätsreaktionen für Extrakte fast ein ganzes Jahr eingehend beschäftigt.

Während wir diese Arbeit ausführten, machte Beckurts in dem schon oben erwähnten Vortrage†) auf die Wichtigkeit von Identitätsreaktionen für Extrakte aufmerksam.

Bei dieser Gelegenheit sagte derselbe, dass derartige Reaktionen nur an solchen Extrakten vorgenommen werden könnten, „welche genau bekannte, durch charakteristische Reaktionen ausgezeichnete und leicht isolierbare Individuen zu ihren Bestandteilen zählen".

Trotzdem wir im allgemeinen der von Beckurts geäusserten Ansicht beistimmen, so haben wir in einigen Fällen das Verhalten der Extrakt-

---

*) Pharmac. Ztg 1886, 13.
**) Pharmac. Post. 1887, 16.
***) Pharmac. Ztg. 1886, 23.
†) Apotheker-Ztg. 1891, 79.

lösungen gegen Metallsalze und gegen Lösungsmittel doch mit zu verwerten gesucht. Bei Einhaltung ganz bestimmter Mengenverhältnisse haben wir in verschiedenen Fällen auch ganz brauchbare Resultate zu verzeichnen.

Zur Isolierung der in den Extrakten enthaltenen charakteristischen Bestandteile benutzten wir meist die Äther-Kalkmethode. Da wir aber die Erfahrung gemacht hatten, dass einem Gemische aus Extraktlösung Kalkhydrat und Talkum auf kaltem Wege durch Äther 80—95 % des gesamten Alkaloidgehaltes entzogen werden können, und dass ferner auch verschiedene Bitterstoffe auf diese Weise in fast reiner Form in den Äther hinein gehen, so änderten wir das ursprüngliche Verfahren für den vorliegenden Zweck in der nachstehenden Weise.

Man löst die dicken Extrakte in der gleichen und die trocknen in der anderthalbfachen Menge Wasser (Fluidextrakte dampft man zunächst zur Trockne ein und behandelt den Rückstand dann wie ein trocknes Extrakt). Diese Lösung mischt man mit einer gleichen Gewichtsmenge Calciumhydroxyd und verreibt den dicken Brei dann sorgfältig mit einer gleichen Gewichtsmenge Talkpulver. Das Gemisch bringt man auf einen Trichter, welchen man unten mit einem 2 cm hohen Wattepfropfen ziemlich fest verstopft hat. Man feuchtet den Pfropfen mit Äther an, bringt die Mischung in den Trichter und deplaciert mit kaltem Äther. Auf je 0,1 g des betreffenden Extraktes nimmt man zweckmässig 10,0 ccm Äther. Den Ätherauszug lässt man in einer Porzellanschale bei 40—50⁰ verdunsten und führt mit dem Rückstande die Identitätsreaktion aus.

Wir werden diese abgeänderte Äther-Kalkmethode als „Äther-Kalk-Verdrängungsmethode" bezeichnen.

Die Mischung der Extraktlösung mit Calciumhydroxyd und Talk stellt bei Einhaltung der obigen Mengenverhältnisse ein krümliches, nicht sehr feuchtes Pulver dar. Sollte das Gemisch bei zu dicken oder zu dünnen Extrakten einmal etwas zu trocken oder zu feucht ausfallen, so kann dem sehr leicht durch einige Tropfen Wasser oder im anderen Falle durch etwas Talkum abgeholfen werden. Das nötige Calciumhydroxyd kann man sich innerhalb weniger Minuten aus der entsprechenden Menge Calciumoxyd bereiten. [56 T. CaO = 74 T. Ca(OH)^2]

Bei denjenigen Extrakten, deren charakteristische Bestandteile saure Eigenschaften zeigen oder in Äther vollständig unlöslich sind, mussten natürlich andere Wege eingeschlagen werden.

Dass die Alkaloide und Bitterstoffe nach der Äther-Kalk-Verdrängungsmethode nicht in ihrer gesamten Menge in den Äther hineingehen, fällt für den beabsichtigsten Zweck nicht ins Gewicht. Die Methode zeichnet sich, wenn wirkliche Pigmente nicht vorhanden sind, sehr vorteilhaft aus durch die vollständige oder fast vollständige Farblosigkeit der Ätherauszüge; aber selbstverständlich werden die ätherischen Lösungen immer dann gefärbt sein, wenn die betreffenden Alkaloide oder Bitterstoffe gefärbt sind, oder wenn die Extrakte Chlorophyll enthalten.

Als besonderer Vorzug des Verfahrens darf die Einfachheit der Ausführung hervorgehoben werden.

Bei Strychnos-, Belladonna-. Hyoscyamus- und Akonit-Extrakt kann man den qualitativen Nachweis der Alkaloide mit der quantitativen Bestimmung nach der Äther-Kalkmethode gleich verbinden. Dieses geschieht zweckmässig in der Weise, dass man von den betreffenden Extrakten den zehnten Teil mehr in Arbeit nimmt, den ätherischen Auszug auf 55,0 ccm auffüllt und dann 5,0 ccm zur qualitativen und 50,0 ccm zur quantitativen Bestimmung benutzt.

Im Nachfolgenden haben wir die Extrakte im allgemeinen ohne Rücksicht auf ihre charakteristischen Bestandteile nach dem Alphabete geordnet.

I. Vorproben.

Bei der Identitätsbestimmung eines Extraktes ist es zweckmässig, sich zunächst zu überzeugen, ob man es mit einem alkaloidhaltigen oder mit einem alkaloidfreien zu thun hat. Zu diesem Zwecke verfährt man in der folgenden Weise:

Man behandelt etwa 0,3 g des betreffenden Extraktes nach der Äther-Kalk-Verdrängungsmethode (bei Fluidextrakten nimmt man etwa 0,3 g des Trockenrückstandes) und lässt je die Halfte des ätherischen Auszuges in einer Porzellanschale verdunsten. Den Rückstand des einen Teiles löst man in 2 Tropfen Alkohol, verdünnt die Lösung mit 5 Tropfen Wasser und bringt die Mischung dann mit einem Streifen empfindlichen (1 : 40 000) roten Reagenspapier zusammen. Den Rückstand des anderen Teiles löst man in 2 Tropfen (event. auch etwas mehr) einer 1 : 50 verdünnten Schwefelsäure, verdünnt die Lösung mit 0,5 ccm Wasser, bringt dieselbe in ein sehr kleines

Reagensglas und setzt dann 1 Tropfen Mayer'sches Reagens*) hinzu. Färbt sich das Reagenspapier blau und erhält man mit dem Mayer'schen Reagens einen Niederschlag oder eine Trübung, so ist das Extrakt alkaloidhaltig. Tritt nur eine dieser Reaktionen ein, so ist es zweifelhaft, ob man es mit einem alkaloidfreien oder einem alkaloidhaltigen Extrakte zu thun hat. Tritt keine der beiden Reaktionen ein, so ist das Extrakt alkaloidfrei.

Eine Ausnahme von dem eben Gesagten macht Colaextrakt: da Theobromin und Koffeïn gegen Lakmus und gegen Mayer'sches Reagens indifferent sind. Als Beweis für die vorstehenden Angaben haben wir in der folgenden Tabelle die Resultate zusammengestellt, welche wir bei der Ausführung dieser Vorproben mit verschiedenen Extrakten erhalten haben. Der Vollständigkeit halber haben wir auch die Farbe des ätherischen Auszuges bei jedem Extrakte mit angegeben.

Extractum	Farbe des Auszuges	Reaktion	Mayers Reagens
Absinthii . .	grünlich	neutral	keine Reaktion
Aconiti . . .	farblos	alkalisch	starke Trübung
Aloës	farblos	neutral	keine Reaktion
Aurantii . . .	fast farblos	.,	..
Belladonnae . .	.,	stark alkalisch	ziemlich starker Niederschlag
Berberis . . .	gelblich	alkalisch	..
Calami	farblos	neutral	schwache Trübung
Cascarae . . .	.,	,,	keine Reaktion
Cascarillae . .	.,	.,	,,
Chelidonii . . .	fast farblos	schwach alkalisch	starke Trübung
Chinae aquos. .	gelblich	stark alkalisch	starker Niederschl.
,, spir. . .	schwach gelb-grün	.,	,,
Cinae	grün	neutral	keine Reaktion
Colae	schwach gelb-grün	,,	..
Colocynthid. . .	farblos	,,	.,
Colombo . . .	fast farblos	.,	Trübung

*) 13,546 g Quecksilberchlorid und 49,8 g Kaliumjodid zu 1 Liter Wasser gelöst.

Extractum	Farbe des Auszuges	Reaktion	Mayers Reagens
Condurango fluid.	fast farblos	neutral	keine Reaktion
„ sicc..	grünlich	„	„
Conii	farblos	alkalisch	Trübung
Cubebarum . .	bräunlich grün	neutral	keine Reaktion
Damianae . . .	grün	„	„
Digitalis . . .	farblos	„	„
Frangulae fluid.	„	„	„
Gelsemii . . .	gelb, grüne Fluorescenz	alkalisch	Niederschlag
Grindeliae. . .	grünlich	neutral	keine Reaktion
Helenii . . .	farblos	„	Trübung
Hydrastis . . .	gelb	alkalisch	starker Niederschl.
Hyoscyami . .	farblos	„	Trübung
Liquiritiae . .	„	neutral	keine Reaktion
Manaca . . .	„	ganz schwach alkalisch	„
Myrrhae . . .	„	neutral	„
Piscid. Erythr. .	gelb-grün	„	„
Ratanhiae . . .	farblos	„	„
Sabinae . . .	grünlich	„	„
Salicis	farblos	„	„
Secalis	„	kaum sichtbar	schwache Trübung
Strychni aq. . .	„	stark alkalisch	Niederschlag
„ spir. .	„	„	„
Valerianae . .	„	neutral	keine Reaktion

II. Eigentliche Identitätsreaktionen.

1. Extractum Absinthii D. A. III.

Man behandelt 0,4 g Extrakt nach der Äther-Kalk-Verdrängungsmethode, teilt den ätherischen Auszug in 4 Teile und lässt jeden derselben in je einer Porzellanschale bei 40 bis 50 ⁰ verdunsten. Mit den Rückständen führt man die folgenden Reaktionen aus:

a) Man löst den Trockenrückstand in 20 Tropfen konz. Schwefelsäure. Die Lösung hat eine rotbraune Farbe.

Lässt man dieselbe längere Zeit stehen, so färbt sie sich allmählich violett bis blau.

Setzt man der Lösung aber sogleich ganz allmählich 1,0 ccm Wasser hinzu, so erhält man eine blauviolett gefärbte Mischung.

b) Den Rückstand des zweiten Teiles löst man auch in 20 Tropfen konz. Schwefelsäure, setzt 0,01 g Zucker hinzu und dann nach und nach unter fortwährendem Umrühren 1,0 ccm Wasser. Die Mischung färbt sich violett.

c) Man verfährt genau wie bei a, setzt der Lösung aber statt Wasser ganz allmählich 1,5 ccm Alkohol hinzu. In diesem Falle nimmt die Mischung eine mehr violettrote Färbung an.

d) Mit dem Rückstande des vierten Teiles verfährt man wie unter b angegeben worden ist. Man lässt nur insofern eine Änderung eintreten, als man statt Wasser 1,5 ccm Alkohol hinzusetzt. Man erhält eine kirschrote Mischung.

Die vorstehenden Reaktionen dürften zum grössten Teil auf Rechnung des Absynthiins, eines Bitterstoffes, zu setzen sein. Dieses gilt besonders für die unter a angegebene Reaktion. Wir sagen ausdrücklich, die Reaktionen dürften nur zum Teil auf Rechnung des Absynthiins zu setzen sein, da man ähnliche oder gleiche Reaktionen, z. B. die unter d angegebene, auch bei verschiedenen anderen Extrakten erhält.

2. Extractum Aconiti D. A. III.

0,5 g Extrakt behandelt man nach der Äther-Kalk-Verdrängungsmethode und dampft den Rückstand des ätherischen Auszuges mit 1,5 g Phosphorsäure auf einer kleinen Flamme unter fortwährendem Rühren ganz vorsichtig ein. Bei einer gewissen Konzentration färbt sich die Lösung deutlich violett.

Extractum Digitalis, Gelsemii, Helenii, Trifolii, Card. bened, Gentianae, Colombo und Salicis geben mit Phosphorsäure ähnliche Reaktionen. Dieselben sind aber in vielen Fällen so undeutlich oder unterscheiden sich auch sonst so wesentlich von der mit Akonitextrakt erhaltenen Reaktion, dass bei der Ausführung eines Kontrollversuches mit einem notorisch echten Extrakte eine Verwechselung kaum möglich ist.

Ausserdem unterscheiden sich die eben genannten Extrakte, mit Ausnahme von Gelsemium- und Colombo-Extrakt, von dem Akonitextrakt durch den Mangel an Alkaloiden. Gelsemium- und Colombo-Extrakt liefern dagegen gefärbte ätherische Auszüge.

Aus dem eben Gesagten dürfte hervorgehen, dass schon bei einer sorgfältigen Ausführung der Vorproben, abgesehen von dem Verhalten gegen Phosphorsäure und allen weiter unten angegebenen Reaktionen, kaum eine Verwechselung des Akonitextraktes mit den oben genannten 8 Extrakten möglich ist.

3. **Extractum Aloës D. A. III.**

Für den Identitätsnachweis von Aloë und Aloëextrakt sind schon verschiedene Reaktionen vorgeschlagen worden. Klunge *) empfahl seine Kupraloïnreaktion. Borntraeger**) empfahl Ausschütteln der kalt bereiteten alkoholischen Aloëlösung mit Äther oder Benzin, klar Abgiessen der Äther- oder Benzinschicht und Schütteln derselben mit einigen Tropfen Ammoniak. Das letztere soll sich sofort schön violettrot färben. Auf die Unzuverlässigkeit der Kupraloïnreaktion haben Kremel***) und Prollius †) aufmerksam gemacht. Den geringen Wert der Borntraeger' schen Reaktion betonte Geissler ††). Kremel empfiehlt auch noch zum Nachweis der Aloë konz. Salpetersäure. Die Aloë soll sich mit derselben zuerst gelb und dann mehr oder weniger intensiv grün färben. Er setzt aber gleich hinzu, dass die Reaktion bei allen Aloësorten nicht gleich charakteristisch auftritt.

Von anderer Seite ist auch vorgeschlagen worden, die Pikrinsäurebildung, welche beim Eindampfen des Aloïns mit konz. Salpetersäure eintritt, zum Nachweis der Aloë zu benutzen.

Wir haben uns eingehend mit der Aufsuchung von Reaktionen für Aloëextrakt beschäftigt und bei dieser Gelegenheit auch die oben angegebenen durchprobiert.

Zwar ist es uns nicht gelungen, eine wirklich charakteristische Reaktion aufzufinden, aber wir haben doch im Verlaufe dieser Arbeit die Überzeugung gewinnen dürfen, dass bei Einhaltung ganz bestimmter Mengenverhältnisse und ganz bestimmter Bedingungen einige der oben angegebenen und einige andere Reaktionen brauchbare Resultate liefern können, wenn verschiedene nebeneinander ausgeführt werden.

---

*) Schweiz. Wochenschrift f. Pharmac. d. Pharm. Centralh. 1883, 79.
**) Zeitsch. f. analytische Chem. 19, 165.
***) Pharmac. Post 1887, 16, 255.
†) Apoth. Zeitg. 1889, 252.
††) Pharmac. Centralh. 1880, 140.

Da als Verwechselung für Aloëextrakt hauptsächlich Frangula- und Kaskaraextrakt und event. noch Rhabarber- und Ratanhiaextrakt in Betracht kommen, so haben wir die nachstehenden Prüfungsmethoden in erster Linie mit Rücksicht auf diese Extrakte aufgestellt. Aus diesem Grunde sind auch die Reaktionen derselben gleich hiermit aufgeführt.

Die Versuche erstreckten sich auf Aloëextrakt aus Aloë Barbad. I u. II, Capens., Curass. und hepatica. Die Äther-Kalk-Verdrängungsmethode lässt sich hier nicht anwenden. Man führt die Reaktionen daher entweder mit den ätherischen Ausschüttelungen der Extrakte oder direkt mit den verdünnten Extraktlösungen oder Fluidextrakten aus.

In nachstehendem werden wir zunächst die mit den ätherischen Ausschüttelungen und dann die mit den Extrakten direkt auszuführenden Reaktionen angeben.

A. Mit den ätherischen Ausschüttelungen auszuführende Reaktionen.

Je 0,1 g der betreffenden trockenen Extrakte oder je 0,12 g der dicken Extrakte löst man in 1,0 ccm eines Gemisches aus 3 Teilen Alkohol und 7 Teilen Wasser und schüttelt mit 5,0 ccm Äther in einem Reagensglase gehörig durch.

1,0 ccm Frangula-Fluidextrakt behandelt man mit derselben Menge Äther in der gleichen Weise. Ebenso verfährt man mit 1,0 ccm Kaskara-Fluidextrakt. Man nimmt hier nur statt 5,0 ccm Äther 7,5 ccm. Mit den klaren, von den Extraktlösungen abgegossenen ätherischen Flüssigkeiten führt man die folgenden Reaktionen aus:

a) Je 6 Tropfen oder besser den Verdunstungsrückstand von 6 Tropfen löst man in 30 ccm Wasser und setzt dieser Lösung dann 2 Tropfen einer Kupfersulfatlösung (5 : 100) zu. Die Mischungen zeigen, besonders wenn man von oben in das Reagensglas gegen einen weissen Untergrund sieht, die folgenden Farben:

Extractum Aloës Barbad. I
    „   „   „   II
    „   „   Capens.   gelbgrün,
    „   „   Curass.
    „   „   hepatic.   schwach grün,

Extractum Cascarae spiss.   gelbbraun bis gelbgrün,

„   „   fluid.   gelbbraun,

„   Frangulae „   ganz schwach rot,

„   Rhei siccum   deutlich rot,

„   Ratanhiae   kaum verändert.

b) Je 10 Tropfen der ätherischen Ausschüttelung mischt man mit 5,0 ccm Äther und schüttelt die Mischung in einem Reagensglase mit 1,0 ccm gesättigter Boraxlösung. Nach dem Schütteln sind der Äther und die Boraxlösung in der folgenden Weise gefärbt:

	Boraxlösung	Äther
Extractum Aloës Barbad. I		
„ „ „ II		
„ „ Capens.	gelbgrün,	fast farblos,
„ „ Curass.		
„ „ hepatic.	sehr schwach gelbgrün,	„
„ Cascarae spiss.	fast farblos,	gelbgrün,
„ „ fluid.	gelbrot,	„
„ Frangulae „	rot mit Stich ins Violette,	„
„ Rhei sicc.	rot,	„
„ Ratanhiae	ganz schwach gelbrot,	fast farblos.

Setzt man den obigen Mischungen je 2 Tropfen Ammoniak hinzu und schüttelt nochmals, so färbt sich bei den Aloëextrakten die Boraxlösung fast grasgrün. Ausgenommen hiervon ist das Extrakt aus Aloë hepatica. Bei demselben nimmt die Boraxlösung zunächst einen gelbbraunen Farbenton an, welcher nach sehr kurzer Zeit rosa wird. Bei den anderen Extrakten treten nur geringe Veränderungen ein.

c) Man vermischt je 8 Tropfen der ätherischen Ausschüttelung mit 5,0 ccm Äther und schüttelt die Mischung mit 8 Tropfen Salmiakgeist.

Der Salmiakgeist färbt sich bei:

Extractum Aloës Barbad. I
    „   „   „ II $\Big\}$ gelbbraun,
    „   „ Curass.

    „   „ Capens.   gelbgrün,

    „   „ hepatic.   hellgelb mit einem Stich ins Braune,

    „ Cascarae spiss.   gelbrot,

    „   „ fluid.   dunkelrot,

    „ Frangulae „   rotviolett,

    „ Rhei sicc.   dunkelrot,

    „ Ratanhiae   zunächst gelbrot, sehr bald aber kirschrot.

Lässt man die ätherischen Flüssigkeiten mit dem Salmiakgeist längere Zeit stehen, so gehen die Farben allmählich in einander über. Bei Aloëextrakt z. B. nimmt der Salmiakgeist nach einiger Zeit mehr einen roten Farbenton an.

Nimmt man zum Ausschütteln der Extrakte und Extraktlösungen Benzin statt Äther, so treten bei gleicher Behandlung der Ausschüttelungen ganz ähnliche Farbenreaktionen auf.

d) Je **4** Tropfen der ätherischen Ausschüttelung lässt man in einem Porzellanschälchen eintrocknen und behandelt den Rückstand mit **5** Tropfen konz. Schwefelsäure.

Der Rückstand färbt sich bei:

Extractum Aloës, alle Sorten, gelbgrün,
    „ Cascarae spiss.   gelbrot,
    „   „ fluid.   braunrot,
    „ Frangulae „ $\Big\}$ rot,
    „ Rhei sicc.
    „ Ratanhiae   gelbbraun.

Um einen bequemen und übersichtlichen Vergleich der unter a, b, c und d aufgeführten Reaktionen zu ermöglichen, haben wir dieselben in der folgenden Tabelle zusammengestellt:

Tabelle A. Mit den ätherischen Ausschüttelungen ausgeführte Reaktionen.

| Extractum | Rückstand von 6 Tropf. der äther. Ausschüttelung + 30 ccm H²O + 2 Tr. Kupfersulfatlösung 5 : 100. Farbe d Mischung | 10 Tropfen der ätherischen Ausschuttelung + 5 ccm Äther + 1 ccm gesättigte Boraxlösung, | | | 8 Tropfen der ätherischen Ausschüttelung + 5 ccm Äther + 8 Tropfen Salmiakgeist. Farbe des Salmiakgeistes | Rückstand von 5 Tropfen der ätherischen Ausschüttelung + 5 Tropfen konz. Schwefelsäure. Farbe der Lösung |
		Farbe der Boraxlösung	Farbe des Äthers	+ 2 Tropfen Salmiakgeist, Farbe der Boraxlösung		
Aloës Barbad. I	gelbgrün	gelbgrün	fast farblos	fast grasgrün	gelbbraun	gelbgrün
„ „ II	„	„	„	„	„	„
„ Capens.	„	„	„	„	gelbgrün	„
„ Curass.	„	„	„	„	gelbbraun	„
„ hepatic.	schwachgrün	sehr schwach gelbgrün	„	zunächst gelbbraun, sehr bald aber rosa	hellgelb mit einem Stich ins Braune	„
Cascarae spiss.	gelbbraun bis gelbgrün	fast farblos	gelbgrün	die Farbe verändert sich durch den Salmiakgeist sehr wenig	gelbrot	gelbrot
„ fluid.	gelbbraun	gelbrot	„	„	dunkelrot	braunrot
Frangulae „	ganz schwach rot	rot mit Stich ins Violette	„	„	rotviolett	rot
Rhei sicc.	deutlich rot	rot	„	„	dunkelrot	„
Ratanhiae	kaum verändert	ganz schwach gelbrot	„	„	zunächst gelbrot, sehr bald aber kirschrot	gelbbraun

B. Direkt mit den Extrakten auszuführende Reaktionen.

Zu den nachstehenden Reaktionen löst man zunächst je 0,12 g der dicken und je 0,1 g der trocknen Extrakte in je 1,0 ccm Wasser.

a) Man vermischt je 10 Tropfen der Extraktlösungen oder der Fluidextrakte mit 10,0 ccm Wasser.

Diese Mischungen zeigen die folgenden Farben:

Extractum Aloës Barbados I		
„ „ „ II		grünlichgelb bis braungelb,
„ „ Curass.		
„ „ Capens.		
„ „ hepatic.		
„ Cascarae spiss.		
„ „ fluid.		
„ Frangulae „	rotbraun,	
„ Rhei sicc.	grünlichgelb bis braungelb,	
„ Ratanhiae	gelbrot.	

Setzt man diesen Mischungen je 1—2 Tropfen verdünnte Eisenchloridlösung (1 Liq. Ferri. sesquichl. $+$ 9 Wasser) hinzu, so färbt sich

Extractum Aloës Barbados I		
„ „ „ II		
„ „ Curass.	mehr	
„ „ Capens.	oder	
„ „ hepatic.	weniger	
„ Cascarae spiss.	braunrot,	
„ „ fluid.		
„ Frangulae „		
„ Rhei sicc.	deutlich grün,	
„ Ratanhiae	dunkelgrün.	

b) Je 5 Tropfen der Extraktlösungen oder der Fluidextrakte vermischt man mit 10,0 ccm Wasser und setzt 1 Tropfen Salmiakgeist hinzu.

Die Mischungen haben folgende Farben:

Extractum Aloës Barbados I		
„ „ „ II		braungelb,
„ „ Curass.		

Extractum Aloës Capens. $\left.\begin{array}{c} \\ \\ \end{array}\right\}$ grüngelb,
    „   „   hepatic.
    „   Cascarae spiss.   gelbrot,
    „   „   fluid.   dunkelrot,
    „   Frangulae   „   „   ,
    „   Rhei sicc.   rot,
    „   Ratanhiae   „   .

Die folgende Tabelle enthält eine Zusammenstellung der unter a u. b angegebenen Reaktionen.

Tabelle B. Direkt mit den Extrakten ausgeführte Reaktionen.

Extractum	10 Tropfen Lösung oder Fluidextrakt + 10 ccm Wasser. Farbe der Mischung	10 Tropfen Lösung oder Fluidextrakt + 10 ccm Wasser + 2 Tropfen Eisenchloridl. (1 + 9). ... der Mischung	5 Tropfen Lösung oder Fluidextrakt + 10 ccm Wasser + 1 Tropf. NH³. Farbe der Mischung
Aloës Barbad. I			
„ „ II			braungelb
„ Curass.			
„ Capens.	grünlichgelb bis braungelb	mehr oder weniger braunrot	grüngelb
„ hepatic.			
Cascarae spiss			gelbrot
„ fluid.			dunkelrot
Frangulae fluid.	rotbraun		
Rhei sicc.	grünlichgelb bis braungelb	deutlich grün	rot
Ratanhiae	gelbrot	dunkelgrün	

Bei allen unter A und B angegebenen Reaktionen muss die Beurteilung der Farben möglichst sofort geschehen, da sich dieselben fast ohne Ausnahme nach kürzerer oder längerer Zeit verändern.

Der eigentümliche Geruch des Aloëextraktes, welcher besonders beim Erwärmen auftritt, kann für die Erkennung desselben unter Umständen ebenfalls Anhaltspunkte geben.

Die unter Aa und d für die Aloëextrakte angegebenen Reaktionen dürften wohl hauptsächlich auf Rechnung der Aloïne zu setzen sein. Die übrigen für dieselben Extrakte aufgeführten Reaktionen sind jedenfalls eigentümlichen Farb- und Gerbstoffen zuzuschreiben.

Die Reaktionen der Frangula- und Kaskaraextrakte werden jedenfalls alle, vielleicht mit Ausnahme der unter B a angegebenen, durch das Frangulin hervorgerufen. Alle Reaktionen des Rhabarber- und des Ratanhiaextraktes sind, mit Ausnahme der unter B a angegebenen, wahrscheinlich auf Rechnung der Chrysophansäure bezüglich des Ratanhiarotes zu setzen.

4. Extractum Aurantii cort. Ph. Germ. I.

a) Man behandelt 0,1 g Extrakt nach der Äther-Kalk-Verdrängungsmethode und löst den Rückstand des ätherischen Auszuges in 8 Tropfen Vanadinschwefelsäure. *)

Die Lösung hat eine blaue Farbe, welche aber sehr bald in grün übergeht.

b) 0,3 g Extrakt löst man in 3,0 ccm eines Gemisches aus 3 Teilen Alkohol und 7 Teilen Wasser und schüttelt die Lösung mit 30,0 ccm Äther aus. 20,0 ccm der klar abgegossenen ätherischen Flüssigkeit schüttelt man mit 2,0 ccm verdünnter Eisenchloridlösung (1 Tropfen Liquor ferri sesquichlorati auf 2,0 ccm Wasser). Die Eisenchloridlösung färbt sich braunrot.

Der Rückstand der ätherischen Ausschüttelung giebt mit Vanadinschwefelsäure dieselbe Reaktion wie der Rückstand des bei Anwendung der Äther-Kalk-Verdrängungsmethode erhaltenen ätherischen Auszuges. Dieselbe fällt bei Anwendung der Äther-Kalk-Verdrängungsmethode aber reiner aus.

Die Reaktion mit Eisenchlorid wird wahrscheinlich durch Aurantiin, ein Glycosid, hervorgerufen. Ob auch die andere dem Aurantiin zukommt, müssen wir dahingestellt sein lassen.

Beide treten in ähnlicher Weise bei einigen weiteren Extrakten auf. Es empfiehlt sich daher, in zweifelhaften Fällen mit einem notorisch echten Extrakte Parallelversuche zu machen.

5. Extractum Belladonnae D. A. III.

Man bereitet sich aus 0,25 g Extrakt nach der Äther-Kalk-Verdrängungsmethode einen ätherischen Auszug. Die nach dem Verdunsten desselben zurückbleibenden Alkaloide dampft man mit 5 Tropfen rauchender Salpetersäure ein und befeuchtet

---

*) Lösung von vanadinsaurem Ammonium in reiner konz. Schwefelsäure (1:200).

den Rückstand mit 5 Tropfen alkoholischer Kalilauge (1:100). Es tritt eine deutliche Violettfärbung ein.

Die vorstehende Reaktion (Vitali'sche) ist für Atropin und Hyoscyamin charakteristisch. Da diese beiden Alkaloide auch im Hyoscyamusextrakt enthalten sind, so erhält man mit demselben die Vitali'sche Reaktion unter ganz den gleichen Bedingungen wie mit Belladonnaextrakt. Ein sicheres Unterscheidungsmerkmal beider Extrakte haben wir nicht finden können; auch dürfte ein solches kaum existieren. Im allgemeinen ist der Alkaloidgehalt des Belladonnaextraktes etwas höher (0,86—1,51 $^0/_0$) wie der des Hyoscyamusextraktes (0,63—1,40 $^0/_0$).

6. Extractum Berberis aquif. fluid.

1,0 g Fluidextrakt behandelt man nach der Äther-Kalk-Verdrängungsmethode. Den Rückstand des ätherischen Auszuges löst man in einem Gemische aus 5,0 ccm Wasser und 5 Tropfen Salzsäure und setzt zu dieser Lösung 5 Tropfen Chlorwasser. Die Lösung färbt sich rot. Bromwasser wirkt ähnlich wie Chlorwasser.

Die vorstehende Reaktion ist für Berberin charakteristisch. Da dies Alkaloid aber auch im Hydrastis- und Kolomboextrakte enthalten ist, so tritt dieselbe unter den gleichen Bedingungen mit diesen Extrakten ein. (Von dem dicken und trockenen Hydrastis- bezw. Kolomboextrakte hat man zur Ausführung des Versuches statt 1,0 g nur 0,1 g zu nehmen.)

Man hat also, sobald mit Chlorwasser die obige Reaktion eingetreten ist, noch zu entscheiden, ob Berberis-, Hydrastis- oder Kolombo-Extrakt vorliegt. Zu diesem Zwecke führt man die folgenden Versuche aus.

a) Man behandelt, je nachdem ein trockenes oder ein dickes Extrakt oder ein Fluidextrakt zu untersuchen ist, 0,1 oder 1,0 g nach der Äther-Kalk-Verdrängungsmethode. Den Rückstand des ätherischen Auszuges löst man in 20 Tropfen konz. Schwefelsäure. Hat man es mit Berberis- oder Hydrastis-Extrakt zu thun, so hat die Lösung eine fast olivengrüne Farbe. Liegt dagegen Kolomboextrakt vor, so erhält man eine rotbraune Lösung.

Das Olivengrün der beiden ersten Extrakte geht in grünlichgelb und das Rotbraun des Kolomboextraktes in rot bis violett über, wenn man die Lösung mit 0.01 g Zucker versetzt und dann unter Umschwenken ganz allmählich mit 1 ccm Wasser mischt.

b) 3 Tropfen der Fluidextrakte oder 3 Tropfen einer Lösung (1 : 10) der trocknen oder dicken Extrakte (als Lösungsmittel nimmt man ein Gemisch aus 3 Teilen Wasser und 7 Teilen Spiritus) mischt man mit 10,0 ccm verdünntem Spiritus. Man erhält unter diesen Bedingungen aus jedem der oben genannten Extrakte eine mehr oder weniger gelbgrüne Lösung.

Setzt man derselben 3 Tropfen Salmiakgeist zu, so färbt sie sich bei Berberisextrakt rotbraun, während bei den anderen Extrakten nur eine geringe dunklere Färbung eintritt (Kolombo-extrakt etwas rötlich).

Die unter a für Hydrastis- und Berberis-Extrakt angegebenen Reaktionen dürften wohl hauptsächlich dem Berberin zuzuschreiben sein, die für Kolomboextrakt dem Kolumbin, einem in der Kolombowurzel enthaltenen Bitterstoffe.

Durch welchen Körper die unter b für Berberisextrakt angegebene Reaktion bedingt wird, müssen wir dahingestellt sein lassen.

7. Extractum Calami D. A. III.

Wenn es uns auch nicht gelungen ist, für Kalmusextrakt besonders charakteristische Reaktionen aufzufinden, so dürften die folgenden Angaben doch immerhin der Erwähnung wert sein.

Man bereitet sich aus 0,3 g Extrakt nach der Äther-Kalk-Verdrängungsmethode einen ätherischen Auszug, teilt denselben in 3 Teile und behandelt die Rückstände in der folgenden Weise:

a) Man löst in 20 Tropfen konz. Schwefelsäure. Zu der gelbbraunen Lösung setzt man 0,01 g Zucker und dann ganz allmählich 1,0 ccm Wasser. Man erhält zuerst eine braunrote Mischung, welche allmählich hellrot wird.

b) Nimmt man statt Wasser Alkohol und verfährt sonst wie vorher, so erhält man zunächst auch eine braunrote Mischung, welche aber durch Zusatz von noch 1,0 ccm Alkohol mehr violettrot wird.

c) Mit 10 Tropfen Vanadinschwefelsäure*) erhält man eine grünlichbraune Lösung.

---

*) Seite 64.

Die Frage, welche Körper die vorstehenden Reaktionen hervorrufen, müssen wir offen lassen.

8. Extractum Cascarae Sagrad. spir. spiss. et fluid.

Die Reaktionen dieser Extrakte sind unter Aloëextrakt mit angegeben.

9. Extractum Cascarillae D. A. III.

Auch für dieses Extrakt geben wir nur der Vollständigkeit halber einige Reaktionen an, ohne dieselben damit als sehr charakteristisch bezeichnen zu wollen.

Behandelt man 0,1 g Extrakt nach der Äther-Kalk-Verdrängungsmethode oder schüttelt man 1,0 g einer wässerigen Lösung (1 : 10) mit etwa 10,0 ccm Äther aus, so löst sich der Trockenrückstand beider ätherischen Auszüge in 20 Tropfen Schwefelsäure mit rotbrauner Farbe. Setzt man zu dieser Lösung 2 Tropfen Wasser und lässt dann kurze Zeit stehen, so erscheint sie in dünner Schicht violett. Die Lösung erscheint vollständig violett, wenn man statt Wasser 0,01 g Zucker und 1,0—2,0 ccm Alkohol hinzufügt.

Die obigen Reaktionen dürften wohl hauptsächlich auf Rechnung des Bitterstoffs der Kaskarillrinde, des Kaskarillins, zu setzen sein.

10. Extractum Chelidonii Ph. Germ. I.

0,5 g Extrakt behandelt man nach der Äther-Kalk-Verdrängungsmethode. Den Rückstand der Ätherausschüttelung löst man in 5 Tropfen konz. Schwefelsäure. Diese Lösung hat zunächst eine rotviolette Farbe, welche sich aber sehr bald in Braungelb verwandelt. Lässt man zu der braungelben Lösung 1 Tropfen konz. Salpetersäure hinzufliessen, so färbt sie sich violett. Diese Farbe verschwindet aber auch sehr bald und geht in ein ganz helles Braungelb über.

Die vorstehenden Reaktionen sind mehr oder weniger für die verschiedenen Chelidoniumbasen charakteristisch.

11. Extractum Chinae aquosum D. A. III.

Man behandelt 0,1 g Extrakt nach der Äther-Kalk-Verdrängungsmethode und löst den Rückstand des ätherischen Auszuges mit Hilfe von 1 Tropfen verdünnter Salzsäure in

3,0 ccm Wasser. Versetzt man diese Lösung mit 2,0 ccm starkem Chlorwasser und dann mit 15 Tropfen Ammoniak, so färbt sie sich grün. Am schönsten tritt diese Reaktion ein, wenn man die mit Chlorwasser gemischte Lösung mit Ammoniak schichtet.

Diese Reaktion (Thalleiochinreaktion) ist bekanntlich dem Chinin und Chinidin eigentümlich.

12. Extractum Chinae spirituosum D. A. III.

Das mit Alkohol bereitete Chinaextrakt giebt die bei dem mit Wasser dargestellten Extrakte angegebene Reaktion unter ganz gleichen Bedingungen.

Beide Extrakte unterscheiden sich durch ihr Verhalten gegen verdünnten Alkohol.

Löst man 0,12 g wässeriges Chinaextrakt in 5,0 ccm eines Gemisches aus gleichen Teilen Alkohol und Wasser und 5 Tropfen verdünnter Schwefelsäure, so hat die Lösung eine hellgelbe Farbe.

Eine unter ganz gleichen Bedingungen angefertigte Lösung von 0,1 g weingeistigem Chinaextrakt hat eine rotbraune Farbe.

13. Extractum Cinae aethereum Ph. Germ. I.

0,2 g Extrakt mischt man mit 1,0 Calciumhydroxyd, kocht das Gemisch 1 Minute mit 8,0 ccm Wasser in einem Reagensglase und filtriert noch heiss durch ein kleines feuchtes Filter. 4,0 ccm des Filtrates säuert man in einem Reagensglase mit 5 Tropfen Salzsäure an und schüttelt dann sofort mit 20,0 ccm Äther aus.

a) Man bringt 4,0 ccm der ätherischen Ausschüttelung in ein Reagensglas, lässt den Äther im Wasserbade verdunsten und löst den Rückstand in 4,0 ccm konz. Schwefelsäure. Mischt man diese Lösung mit 4,0 ccm Wasser und setzt man der Mischung dann 1 Tropfen Eisenchloridlösung hinzu, so färbt sie sich rotbraun.

b) Zweimal je 4,0 ccm Ätherausschüttelung lässt man in je einer Porzellanschale verdunsten und löst die Rückstände in je 20 Tropfen konz. Schwefelsäure. Jede dieser Lösungen versetzt man mit 0,01 g Zucker und setzt der einen dann allmählich 2,0 ccm Wasser und der anderen 2,0 ccm

Alkohol hinzu. Beide Mischungen färben sich schön kirschrot.

Die unter a angegebene Reaktion dürfte in der Hauptsache auf Rechnung des Santonins zu setzen sein. Als sehr charakteristisch kann dieselbe aber durchaus nicht bezeichnet werden, da man ähnliche Färbungen auch mit verschiedenen anderen Stoffen erhält.

Welchen Bestandteilen des Cinaextraktes die unter b angegebenen Reaktionen zuzuschreiben sind, lassen wir dahingestellt. Als charakteristisch können dieselben aber ebensowenig wie die unter a aufgeführte bezeichnet werden, da man sie in ähnlicher Weise, wie wir oben schon einigemal erwähnt haben, auch bei anderen Extrakten erhält.

Immerhin können die vorstehenden Reaktionen für die Identifizierung des Cinaextraktes ganz brauchbare Anhaltspunkte geben, wenn man Geruch und Farbe des Extraktes mit berücksichtigt.

14. Extractum Colae fluidum.

Man behandelt 1,0 g Extrakt nach der Äther-Kalk-Verdrängungsmethode und dampft den Rückstand des ätherischen Auszuges mit 3,0 ccm Chlorwasser im Wasserbade ein. Nach dem Erkalten des Schälchens, in welchem das Eindampfen vorgenommen worden ist, bedeckt man dasselbe mit einer Glasplatte, deren untere Seite mit einem Tropfen Salmiakgeist befeuchtet ist. Der Rückstand farbt sich schön rotviolett.

Die vorstehende Reaktion ist bekanntlich dem Koffeïn und Theobromin, welche beide in dem Kolaextrakte enthalten sind, eigentümlich. Bei Einhaltung der obigen Bedingungen tritt dieselbe sehr schön und sehr deutlich ein.

15. Extractum Colocynthidis D. A. III.

Man reibt 0,05 g Extrakt mit 10,0 ccm Essigäther in einem Mörser an, giesst den Essigäther vom Ungelösten ab und verteilt ihn in 3 Porzellanschälchen. Die 3 Trockenrückstände behandelt man in folgender Weise:

a) Man löst in 5 Tropfen konz. Schwefelsäure. Die Lösung hat eine gelbbraune bis rotbraune Farbe.

b) Man löst in 5 Tropfen Vanadinschwefelsäure*) und erhält eine kirschrote Lösung.

---

*) Seite 64.

c) Man löst in 5 Tropfen Fröhde'schem Reagens.*) Die Lösung ist erst dunkelrot, wird aber allmählich violett.

Die oben genannten Reaktionen kann man auch direkt mit dem Extrakte ausführen. Die Farben sind dann aber nicht so deutlich. Als Ursache der Reaktionen dürfte das in den Koloquinten enthaltene Glykosid, das Kolocynthin, anzusprechen sein.

16. Extractum Colombo siccum Ph. Germ. I.

Die Identitätsreaktionen für dieses Extrakt sind bei Berberis-Fluidextrakt mit angegeben.

17. Extractum Condurango fluid. D. A. III et spir. sicc.

Von dem flüssigen Extrakte behandelt man 3,0 g, von dem festen 0,3 g nach der Äther-Kalk-Verdrängungsmethode. Jedesmal den dritten Teil des ätherischen Auszuges lässt man in einer Porzellanschale verdunsten.

a) Den Trockenrückstand des einen Teiles löst man in 20 Tropfen konz. Schwefelsäure. Die Lösung hat eine braungelbe Farbe. Setzt man derselben zunächst 0,01 g Zucker und dann allmählich 1,5 ccm Wasser oder Alkohol hinzu, so färbt sie sich schmutzig violett.

b) Befeuchtet man den Rückstand des anderen Teiles mit 2 Tropfen konz. Salpetersäure, so färbt er sich zunächst violett. Diese Farbe geht aber allmählich in blaugrün über.

c) Den Rückstand des dritten Teiles löst man in 10 Tropfen Erdmann'schem Reagens.**) Die Lösung ist zunächst gelbbraun, wird aber allmählich vom Rande aus violett. Ähnliche Farbenreaktionen erhält man mit Fröhde'schem Reagens*) und mit Vanadinschwefelsäure.***)

Die charakteristischste der eben beschriebenen Reaktionen ist die mit Salpetersäure.

---

*) Lösung von molybdänsaurem Natrium oder Ammonium in reiner konz. Schwefelsäure (1:100).

**) Gemisch aus 10 Tropfen sehr verdünnter Salpetersäure (10 Tropfen 30% Salpetersäure, 100,0 ccm Wasser) und 20,0 reiner konz. Schwefelsäure.

***) Seite 64.

Ob dieselben dem Kondurangin oder einem anderen Bestandteile des Kondurangoextraktes eigentümlich sind, vermögen wir nicht zu entscheiden.

18. Extractum Conii Ph. Germ. I.

Es ist uns nicht gelungen, für Koniumextrakt eine brauchbare Farbenreaktion zu finden. Das beste Erkennungsmittel für dasselbe dürfte der eigentümliche Koniingeruch sein. Derselbe tritt besonders dann sehr stark auf, wenn man das Extrakt oder die Extraktlösung mit Calciumhydroxyd oder mit Kalium- oder Natriumhydroxyd mischt.

19. Extractum Cubebarum aethereum D. A. III.

Bringt man 0,01 g dieses Extraktes mit 3 - 5 Tropfen konz. Schwefelsäure zusammen, so erhält man eine intensiv rote (fast blutrot) gefärbte Lösung. Nimmt man statt der Schwefelsäure Molybdänschwefelsaure*) so erhält man eine dunkelkirschrote Lösung.

Beide Reaktionen sind sehr deutlich und sehr charakteristisch. Sie werden durch den in dem Kubebenextrakte enthaltenen Bitterstoff (Kubebin) hervorgerufen.

20. Extractum Damianae fluid.

1,0 g Extrakt behandelt man nach der Äther-Kalk-Verdrangungsmethode und löst den Rückstand des ätherischen Auszuges in 20 Tropfen konz. Schwefelsäure. Die gelbbraune Lösung versetzt man mit 0,01 g Zucker und dann ganz allmählich mit 1—2 ccm Alkohol. Die Lösung färbt sich schön kirschrot.

Trotzdem diese Reaktion auch mit einigen anderen Extrakten erhalten wird, so haben wir dieselbe hier doch als Identitätsreaktion für Damianaextrakt angegeben, da sie in manchen Fällen ganz brauchbare Anhaltspunkte liefert.

21. Extractum Digitalis Ph. Germ. II.

Man behandelt 0,5 g Extrakt nach der Äther-Kalk-Verdrängungsmethode, löst den Rückstand des ätherischen Auszuges in 10 Tropfen konz. Schwefelsäure und setzt zu der Lösung einen Tropfen Bromwasser.

Die Mischung färbt sich deutlich violettrot.

---

*) Seite 70.

Die vorstehende Reaktion dürfte jedenfalls auf Rechnung eines der in dem Digitalisextrakte enthaltenen Bitterstoffe zu setzen sein. Das sogenannte deutsche Digitalin giebt wenigstens eine ganz ähnliche Reaktion.

22. Extractum Frangulae fluidum D. A. III.

Die Identitätsreaktionen dieses Extraktes sind unter Aloëextrakt mit angegeben.

23. Extractum Gelsemii fluidum.

A) Behandelt man 2,0 g Extrakt nach der Äther-Kalk-Verdrängungsmethode, so erhält man einen gelben, grünfluorescierenden
ätherischen Auszug. Mit dem Rückstande je des dritten
Teiles dieses Auszuges führt man die folgenden Reaktionen aus:
  a) Man löst in 10 Tropfen konz. Schwefelsäure, verteilt die
    Lösung möglichst gleichmässig in der Porzellanschale und
    führt dann ein Körnchen Kaliumdichromat mit einem
    Glasstabe in derselben umher. Es bilden sich rotviolette
    Streifen, die aber sehr bald verblassen.
  b) Den zweiten Rückstand löst man in 5 Tropfen Vanadin-
    schwefelsäure. *) Die Lösung ist dunkelrot bis braunrot.
  c) Man löst in 5 Tropfen Fröde'schem Reagens. **) In diesem
    Falle erhält man eine blaugrüne Lösung.

Die vorstehenden Reaktionen, besonders die unter a, dürften hauptsächlich dem Gelsemiin, einem in Gelsemium sempervirens enthaltenen
Alkaloide, zuzuschreiben sein.

Mit Strychnosextrakt (siehe dieses Seite 78) erhält man eine
ähnliche Reaktion wie die unter a angebene. Bei einiger Übung und
Ausführung eines Kontrollversuches mit einem notorisch echten Extrakte
ist eine Verwechselung kaum möglich.

Da das Gelsemiumextrakt neben dem Gelsemiin auch noch ein
Glykosid, das Äskulin, enthält, so kann man den Identitätsnachweis
auch noch durch die Charakterisierung dieses Körpers unterstützen.
Man verfährt in nachstehender Weise:
  B) 0,5 ccm Extrakt verdünnt man mit 2,0 ccm Wasser, säuert
    mit 1 Tropfen Salzsäure an und schüttelt das Gemisch in
    einem Reagensglase mit 10,0 ccm Äther aus. Mit der klar

---

*) Seite 64.
**) Seite 70.

abgegossenen ätherischen Flüssigkeit verfährt man in der nachstehenden Weise:

a) Man lässt die Hälfte in einer Porzellanschale verdunsten,
löst den Rückstand in 2 Tropfen konz. Salpetersäure, verdünnt die Lösung mit 20 Tropfen Wasser und setzt
5 Tropfen Ammoniak hinzu. Die ursprünglich gelbe
Farbe der salpetersauren Lösung wird durch den Salmiakgeist in ein schönes Gelbrot übergeführt.

b) Den Rückstand des Restes der Ätherausschüttelung nimmt
man mit 20,0 ccm Wasser auf, und versetzt die Lösung
mit einem Tropfen Ammoniak. Man erhält eine sehr schön
blau fluorescierende Flüssigkeit.

Die grüne Fluorescenz des nach der Äther-Kalk-Verdrängungsmethode erhaltenen Auszuges dürfte jedenfalls auch von geringen
Mengen Äskulin herrühren.

24. Extractum Grindeliae fluidum.

Dieses Extrakt giebt dieselbe Reaktion, welche wir oben für
Damianaextrakt angegeben haben.

25. Extractum Helenii Ph. Germ. II.

Man behandelt 0,4 g Extrakt nach der Äther-Kalk-Verdrängungsmethode, teilt den ätherischen Auszug in 4 Teile und
lässt jeden Teil in einer Porzellanschale verdunsten.

Mit den Trockenrückständen führt man die folgenden
Reaktionen aus:

a) Man löst in 20 Tropfen konz. Schwefelsäure und setzt zu
dieser Lösung ganz allmählich 1,0 ccm Wasser. Die Lösung
des Rückstandes in der konz. Schwefelsäure hat eine
gelbbraune Farbe, welche durch das Wasser in eine hell-
rote übergeführt wird.

b) Man löst gleichfalls in 20 Tropfen konz. Schwefelsäure,
setzt 0,01 g Zucker hinzu und lässt es einige Zeit stehen.
Die Lösung färbt sich nach und nach vom Rande aus rot.
Setzt man derselben aber vorsichtig unter Rühren 1,0 ccm
Wasser hinzu, so tritt diese Färbung sehr rasch ein.

c) Den dritten Trockenrückstand behandelt man wie den
zweiten, nur mit dem Unterschiede, dass man das Wasser
durch Alkohol ersetzt.

In diesem Falle nimmt die Mischung eine schön kirschrote Farbe an. Mit Schwefelsäure und Alkohol ohne Zucker entsteht eine ganz ähnliche, etwas hellere Färbung.

d) Man löst in 10 Tropfen Vanadinschwefelsäure. *) Die Lösung färbt sich allmählich vom Rande aus violettrot.

Trotzdem die vorstehenden Reaktionen zum Teil denjenigen gleich oder ähnlich sind, welche wir für einige andere Extrakte angegeben haben, so lässt sich durch dieselben doch mit ziemlicher Sicherheit die Identität des Heleniumextraktes feststellen, wenn man sie nebeneinander ausführt. Der eigentümliche Geruch desselben ist aber unter allen Umständen mit zu berücksichtigen. Ausserdem empfiehlt es sich, in zweifelhaften Fällen mit einem notorisch echten Extrakte Gegenversuche anzustellen. Die Frage, welchem Stoffe (Helenin, Alantol, Alantsäureanhydrid, ätherisches Öl) die Reaktionen eigentümlich sind, müssen wir offen lassen.

26. Extractum Hydrastis Canadensis fluid. D. A. III et spir. sicc.

Die Identitätsreaktionen dieser Extrakte sind bei Berberisextrakt mit angegeben.

27. Extractum Hyoscyami D. A. III.

Der Identitätsnachweis dieses Extraktes ist unter Belladonnaextrakt beschrieben.

28. Extractum Kava-Kava fluidum.

1,0 g Extrakt behandelt man nach der Äther-Kalk-Verdrängungsmethode. Mit dem Rückstande je einer Hälfte des Ätherauszuges führt man eine der folgenden Reaktionen aus.

a) Man löst in 20 Tropfen konz. Schwefelsäure. Die Lösung hat eine schön blutrote Farbe, welche sehr bald in Gelbrot übergeht.

b) Man löst in 10 Tropfen Molybdänschwefelsäure**). Diese Lösung ist zuerst rot, wird aber nach sehr kurzer Zeit olivengrün.

---

*) Seite 64.
**) Seite 70.

Die erste dieser beiden Reaktionen ist sehr deutlich. Da aber Extr. Salic. nigr. fluid. (siehe Seite 77) unter gleichen Bedingungen eine ähnliche Reaktion giebt, so ist das Verhalten gegen Molybdänschwefelsäure immer mit zu berücksichtigen.

Die Ursache der ersten und wahrscheinlich auch der zweiten Reaktion ist ein Bitterstoff, das Kawahin.

29. Extractum Liquiritiae radicis.

0,5 g Extrakt löst man in 5,0 ccm Wasser und versetzt die Lösung mit 0,2 ccm verdünnter Schwefelsäure, den Niederschlag sammelt man auf einem Filter und wäscht ihn mit Wasser aus.

Derselbe hat den charakteristischen süssen Geschmack des Glycyrrhizins. In Ammoniak und konz. Schwefelsäure löst er sich mit braungelber Farbe.

30. Extractum Manaca fluidum.

Man mischt 10 Tropfen Extrakt mit 2,0 ccm Wasser und 1 Tropfen Salzsäure und schüttelt die Mischung mit 10,0 ccm Äther aus. Die möglichst klar abgegossene ätherische Flüssigkeit lässt man in einer Porzellanschale verdunsten, nimmt den Rückstand mit 20,0 ccm Wasser auf und setzt 5 Tropfen Ammoniak hinzu. Die Mischung zeigt im auffallenden Lichte eine schön blaue Fluorescenz.

Einfacher und rascher erhält man eine fast ebenso schön fluorescierende Flüssigkeit, wenn man 10 Tropfen Extrakt mit 20,0 ccm eines Gemisches aus gleichen Teilen Alkohol und Wasser verdünnt und diese Flüssigkeit mit 5 Tropfen Ammoniak versetzt.

Da Gelsemiumextrakt unter den eben beschriebenen Bedingungen Flüssigkeiten liefert, welche eine ganz ähnliche Fluorescenz zeigen, so empfiehlt es sich, noch die folgenden Reaktionen auszuführen.

10,0 g Extrakt behandelt man nach der Äther-Kalk-Verdrängungsmethode und bringt je die Hälfte des Ätherauszuges in eine Porzellanschale. Mit den Rückständen führt man die folgenden Reaktionen aus.

a) Man löst den einen Trockenrückstand in 20 Tropfen konz. Schwefelsäure und versetzt die gelbbraune Lösung mit 0,01 g Zucker. Die Lösung färbt sich beim Stehen allmählich rotbraun bis kirschrot. Sie färbt sich sofort kirschrot, wenn man unter Umrühren 1,0—2,0 ccm Alkohol langsam hineintropfen lässt.

Nimmt man statt Alkohol Wasser, so tritt eine ähnliche Färbung auf.

b) Den anderen Trockenrückstand löst man in **20** Tropfen Vanadinschwefelsäure.*) Die Lösung ist rotbraun, am Rande violett.

Für die Reaktion mit Schwefelsäure, Zucker und Alkohol bez. Wasser gilt das oben unter Damianaextrakt Gesagte.

31. Extractum Myrrhae Ph. Germ. I.

0,1 g Extrakt behandelt man nach der Äther-Kalk-Verdrängungsmethode. Den ätherischen Auszug bringt man in eine Porzellanschale. Nach dem Verdunsten des Äthers bedeckt man die Schale mit einer Glasplatte, die man auf der unteren Seite mit einem Tropfen konz. Salpetersäure befeuchtet hat. Der Trockenrückstand färbt sich nach kurzer Zeit violett.

Die vorstehende Abänderung der in dem Deutschen Arzneibuch enthaltenen Identitätsreaktion der Myrrha zeichnet sich durch grosse Deutlichkeit aus. Durch welchen Körper dieselbe hervorgerufen wird, können wir nicht angeben. Nimmt man statt konzentrierter, rauchende Salpetersäure oder Bromwasser, so treten ähnliche Farbenerscheinungen auf.

32. Extractum Piscidiae Erythrinae fluidum.

Man behandelt 3,0 g Extrakt nach der Äther-Kalk-Verdrängungsmethode und teilt den ätherischen Auszug in **4** möglichst gleiche Teile. Mit je einem der Trockenrückstände führt man eine der nachstehenden Reaktionen aus.

a) Man löst in **20** Tropfen konz. Schwefelsäure. Im ersten Augenblicke färbt sich die Schwefelsäure mit dem Trockenrückstande violett. Diese Farbe geht aber sofort in gelbbraun über. Mischt man die Lösung jetzt mit 0,01 g Zucker und darauf allmählich mit 2,0 ccm Alkohol, so färbt sie sich rot bis rotviolett.

---

*) Seite 64.

b) Den zweiten Rückstand löst man in 5 Tropfen Erdmann-
schem Reagens.*) Die Lösung ist zuerst rotviolett, wird
aber bald gelb.

c) Man löst in 5 Tropfen Vanadinschwefelsäure.**) Die
Lösung ist violett, wird aber bald rotbraun.

d) Den vierten Trockenrückstand löst man endlich in 5 Tropfen
Molybdänschwefelsäure.*) Die Lösung hat eine rot-violette
Farbe.

Ob die vorstehenden Reaktionen dem in der Rinde von Piscidia
Erythrina enthaltenen Bitterstoffe, dem Piscidin, zukommen, vermögen
wir nicht zu sagen. Jedenfalls können sie nicht als sehr charakteristisch
bezeichnet werden, da man ähnliche Reaktionen auch mit einigen
anderen Extrakten erhält.

33. Extractum Ratanhiae Ph. Germ. I.

Die Identitätsreaktionen dieses Extraktes sind beim Aloëextrakte
mit angegeben.

34. Extractum Sabinae Ph. Germ. II.

0,3 g Extrakt behandelt man nach der Äther-Kalk-
Verdrängungsmethode. Man lässt je die Hälfte des ätherischen
Auszuges in einer Porzellanschale eindunsten und führt die
folgenden Reaktionen aus.

a) Man löst in 5 Tropfen konz. Salpetersäure. Die Lösung
ist schmutzig violett.

b) Man führt die schon einigemale beschriebene Reaktion
mit Schwefelsäure, Zucker und Alkohol aus. Von der
unter diesen Umständen auftretenden schönen kirschroten
Farbe gilt das schon bei Damianaextrakt Gesagte.

35. Extractum Salicis nigrae fluidum.

a) 1,0 g Extrakt behandelt man nach der Äther-Kalk-Verdrängungsmethode. Der Rückstand des ätherischen Auszuges löst sich
in konz. Schwefelsäure mit roter Farbe, welche bald in Gelbrot
übergeht.

---

*) Seite 70.
**) Seite 64.

b) Man mischt 3 Tropfen Extrakt mit 20,0 ccm Wasser und setzt zu dieser Mischung einen Tropfen einer Lösung von holzessigsaurem Eisen (4,5 $^0/_0$ Fe). Es entsteht sofort ein blauschwarzer Niederschlag.

Die unter a angegebene Reaktion ist für Salicin charakteristisch. Da Kava-Kavaextrakt (siehe Seite 74) unter denselben Bedingungen aber eine ganz ähnliche Reaktion giebt, so empfiehlt es sich, die unter b angegebene auch jedesmal auszuführen. Ob die Letztere durch einen Farbstoff, Bitterstoff, Gerbstoff oder einen anderen Körper hervorgerufen wird, müssen wir dahingestellt sein lassen.

36. Extractum Secalis cornuti spiss. et fluid. D. A. III.

0,3 g dickes Extrakt bezw. 3,0 g Fluidextrakt behandelt man nach der Äther-Kalk-Verdrängungsmethode. Den Rückstand des Ätherauszuges löst man in 20 Tropfen konz. Schwefelsäure und mischt diese Lösung mit 3 Tropfen Chlor- oder Bromwasser. Die Lösung färbt sich schmutzig violett.

Als sehr charakteristisch kann man diese Reaktion nicht bezeichnen. Sie dürfte auf Rechnung eines der im Mutterkornextrakte enthaltenen Alkaloide (vielleicht Ergotinin) zu setzen sein.

37. Extractum Strychni aquosum Ph. Germ. I.

Man behandelt 0,1 g Extrakt nach der Äther-Kalk-Verdrängungsmethode, verteilt den ätherischen Auszug in zwei Porzellanschalen und führt mit den Rückständen die nachstehenden Reaktionen aus:

a) Man löst in 5 Tropfen konz. Schwefelsäure und bringt diese Lösung mit 1 Tropfen Salpetersäure zusammen. Die Mischung färbt sich schön rot. Nachdem die rote Farbe verblasst ist, breitet man die Flüssigkeit in der Schale möglichst aus und führt ein Körnchen Kaliumdichromat mit einem Glasstabe in derselben umher. An denjenigen Stellen, an welchen das Kaliumdichromat mit der Säure in Berührung kommt, bilden sich violette Streifen. (Man vergleiche Gelsemiumextrakt Seite 72.)

b) Den anderen Trockenrückstand löst man in 0,5 ccm Salpetersäure (25 $^0/_0$). Die Lösung ist zuerst rot, dann orange und schliesslich gelb. Setzt man derselben jetzt 5 Tropfen

Zinnchlorürlösung (1 : 20) hinzu, so färbt sie sich schön violett.

Die Reaktion mit Kaliumdichromat kommt dem Strychnin und die beiden anderen Reaktionen kommen dem Brucin zu.

38. Extractum Strychni spirituosum D. A. III.

Das mit Spiritus bereitete Strychnosextrakt hat dieselben Identitätsreaktionen wie das wässerige Extrakt.

Beide Extrakte lassen sich leicht durch ihr Verhalten gegen Alkohol unterscheiden. Das alkoholische ist in 96 % Alkohol mit gelbbrauner Farbe fast vollständig löslich. Das mit Wasser bereitete Extrakt ist dagegen in 96 % Alkohol fast unlöslich.

Ausserdem ist die Quantität der in diesen Extrakten enthaltenen Alkaloide sehr verschieden.

Extractum Strychni spir. enthält 15,47—19,70 % Alkaloide.

„   „   aquos.   „   zwischen 5,0 u. 6.0 % Alkaloide.

39. Extractum Valerianae Ph. Germ. I.

0,4 g Extrakt behandelt man nach der Äther-Kalk-Verdrängungsmethode. Je die Hälfte des Ätherauszuges lässt man in einer Porzellanschale verdunsten und löst jeden Rückstand in 20 Tropfen konz Schwefelsäure. Man erhält gelbbraune Lösungen, welche sich nach kurzer Zeit am Rande violett färben.

a) Man setzt der einen Lösung ganz allmählich 2,0 ccm Alkohol oder Wasser hinzu. Dieselbe färbt sich rot bis violett.

b) Die zweite Lösung mischt man zunächst mit 0,01 g Zucker und setzt dann ganz allmählich 2,0 ccm Alkohol oder Wasser hinzu. Die Flüssigkeit färbt sich kirschrot,

Für diese beiden Reaktionen, besonders für die zuletzt genannten, gilt wieder das unter Damiana-Fluidextrakt Gesagte.

*   *   *

Die in der vorstehenden Arbeit fehlenden Extrakte haben wir ebenfalls mit in den Bereich unserer Versuche gezogen. Es ist uns aber bis jetzt nicht gelungen, für dieselben erwähnenswerte Reaktionen aufzufinden. Da wir unsere Arbeiten in dieser Richtung aber fortsetzen werden, so hoffen wir das Fehlende wenigstens teilweise später nachholen zu können. Wir leugnen nicht, dass verschiedene der oben angegebenen Reaktionen durchaus nicht als unbedingt zuverlässig bezeichnet werden können. Da wir in derartigen Fällen aber immer eine entsprechende Erklärung hinzugefügt haben, so hofften wir ihnen wenigstens einen bedingten Wert zu verleihen.

Wir sind uns auch bewusst, dass die Arbeit infolge ihrer Mängel als ein abgeschlossenes Ganze nicht gelten kann, glauben aber doch, dass sie bei dem allgemeinen Streben auf diesem Gebiete als ein guter Anfang gelten darf. Nur in diesem Sinne übergeben wir die Ergebnisse unserer Studien hiermit der Öffentlichkeit.

Über einige homöopathische Essenzen.

Der Liebenswürdigkeit des Herrn Hofapothekers Dr. Giesecke in Dresden verdanken wir die Anregung und das Material zur Untersuchung verschiedener homöopathischer Essenzen.

Bei diesen Untersuchungen handelte es sich in erster Linie um die Entscheidung der Frage:

Erhält man nach Regel II der Gruner'schen Pharmakopöe oder nach § I der Schwabe'schen Pharmakopöe gehaltreichere Essenzen?

Die betreffenden Vorschriften lauten wie folgt:

I) Regel II der Gruner'schen Pharmakopöe.

„Man presst die frischen, zerkleinerten und zerquetschten Pflanzen direkt aus, maceriert den Pressrückstand mit einem dem gewonnenen Safte gleichen Gewichtsteile Weingeist 48 Stunden, presst abermals aus und mischt den erhaltenen Auszug mit dem Safte. Die Ausbeute beträgt durchschnittlich 30 % Saft, 45 % Auszug = 75 % Essenz mit etwa 40 % Weingeist."

II) § I der Schwabe'schen Pharmakopöe.

„Man presst die frischen, zerkleinerten und zerquetschten Pflanzen direkt aus und mischt den gewonnenen Saft mit der gleichen Gewichtsmenge Weingeist. Die Ausbeute beträgt durchschnittlich 30 % Saft = 60 % fertiger Essenz mit 50 % Weingeist."

Die Untersuchung der Essenzen erstreckte sich bei allen auf die Bestimmung des Trockenrückstandes, bei Belladonna und Aconitum ausserdem noch auf den Alkaloidgehalt.

Wir erhielten die nachstehenden Daten:

Essenz	% Trockenrück- stand	% Alkaloide	% Alkaloide auf Trocken- rückstand berechnet
Belladonna, Regel II der Gruner'schen Pharmakopöe	3,28	0,06703	2,04
Belladonna, § I der Schwabe'schen Pharmakopöe	2,32	0,04335	1,86
Aconitum Napellus, Regel II der Gruner'schen Pharmakopöe	4,84	0,07142	1,47
Aconitum Napellus, § I der Schwabe'schen Pharmakopöe	3,38	0,03944	1,16
Conium maculatum, Regel II der Gruner'schen Pharmakopöe	3,73	—	—
Conium maculatum, § I der Schwabe'schen Pharmakopöe	4,45	—	—
Digitalis purpurea, Regel II der Gruner'schen Pharmakopöe	3,71	—	—
Digitalis purpurea, § I der Schwabe'schen Pharmakopöe	3,45	—	—

Da die nach der Gruner'schen Pharmakopöe bereiteten Essenzen, mit Ausnahme von Conium maculatum, höhere Werte ergaben, als die nach der Schwabe'schen Pharmakopöe dargestellten, so dürfte die Gruner'sche Vorschrift als die zweckentsprechendere zu bezeichnen sein.

Über die Gehaltsbestimmung des Liquor Kalii arsenicosi und über die Einstellung der $^1/_{10}$-Normal-Jodlösung und der $^1/_{10}$-Normal-Natriumthiosulfatlösung.

Das Deutsche Arzneibuch sagt über Liquor Kalii arsenicosi:

> „5,0 ccm mit 20,0 ccm Wasser, 1,0 g Natriumbikarbonat und einigen Tropfen Stärkelösung vermischt, müssen 10.0 ccm $^1/_{10}$-Normal-Jodlösung entfärben; ein weiterer Zusatz von 0,1 ccm $^1/_{10}$-Normal-Jodlösung färbt die Flüssigkeit bleibend blau."

Die vorstehende Gehaltsbestimmung ist eine sehr genaue, wenn man bei derselben mit der nötigen Vorsicht und Sachkenntnis verfährt Hierzu gehört vor allem, dass die Jodlösung vor jeder Titration scharf eingestellt wird. Es möge uns nun gestattet sein, in dieser Hinsicht auf einige Vorsichtsmassregeln aufmerksam zu machen.

Bei der Titration des Liquor Kalii arsenicosi nimmt man zweckmässig statt der vorgeschriebenen 5,0 ccm die doppelte Menge, da die Genauigkeit der Bestimmung hierdurch bedeutend erhöht wird. Das Wasser und das doppeltkohlensaure Natron sind dann natürlich auch zu verdoppeln. Ferner empfiehlt es sich nach Zusatz der 10.0 bezw. 20,0 ccm Jodlösung mit der Beurteilung der eventuell eintretenden Blaufärbung einige Minuten zu warten, da dieselbe häufig wieder verschwindet.

Die Einstellung der $^1/_{10}$-Normal-Jodlösung*) erfolgt in der Weise, dass man 10,0 oder besser 20,0 ccm derselben in einem Kölbchen zunächst mit soviel $^1/_{10}$-Normal-Natriumthiosulfatlösung versetzt, dass die Mischung nur noch schwach gelb gefärbt ist. Jetzt erst setzt man etwas verdünnten Stärkekleister hinzu und titriert ganz langsam bis zur Entfärbung.

Die Natriumthiosulfatlösung**) stellt man zweckmässig gegen eine Kaliumdichromatlösung ein, welche im Liter 4,916 g enthält. Man bringt 10,0 oder besser 20,0 ccm der letzteren Lösung in ein Kölbchen, setzt 1,0 g bezw. 2,0 g Jodkalium und 2.0—3,0 bezw. 4,0—6,0 ccm verdünnte Schwefelsäure hinzu. Nachdem die Mischung in dem ver-

---

*) Siehe auch Schmidt, Anorg. Chem. 2. Aufl., 142.

**)   ,,   ,,   ,,   ,,   523.

schlossenen Kolben einige Minuten gestanden hat, lässt man zunächst soviel der einzustellenden Natriumthiosulfatlösung hinzulaufen, dass die Mischung nur noch gelbgrün gefärbt ist. Jetzt erst fügt man etwas Stärkekleister hinzu und titriert sehr langsam bis zum Übergang der dunkelblauen Färbung in eine grüne.

Es ist durchaus notwendig, in allen den Fällen, in welchen Jodstärke als Indikator dient, gegen Ende der Bestimmung sehr langsam zu titrieren, da die Entfärbung der Jodstärke in den meisten Fällen nicht augenblicklich erfolgt.

Lithargyrum.

Alle im letzten Jahre untersuchten Proben von Bleiglätte entsprachen den Anforderungen des Deutschen Arzneibuches III.

Die Bestimmung des Glühverlustes und des in Essigsäure Unlöslichen ergab die folgenden Zahlen:

$^0/_0$ Glühverlust	$^0/_0$ in Essigsäure unlöslich
0,30	0,58
0,36	0,72
0,34	0,44
0,42	1,24
0,52	1,08
0,36	0,52
0,54	1,30
0,30	0,68
0,45	0,58
0,20	0,78
0,22	0,70
0,29	1,24
0,26	1,06
0,30	0,44
0,30	0,66
0,40	1,34
0,20—0,54	0,44—1,34

In den letzten 6 Jahren wurden die folgenden niedrigsten und höchsten Werte erhalten:

Jahr	% Glühverlust	% in Essigsäure unlöslich
1886	1,00—2,00	0,64—1,00
1887	0,70—1,20	0,64—1,44
1888	0,90—1,90	0,64—1,30
1889	0,90—3,00	0,86—1,40
1890	0,20—1,30	0,40—1,44
1891	0,20—0,54	0,44—1,34
1886—1891	0,20—3.00	0,40—1,44

Mel.

Die Methoden zur Untersuchung des Honigs haben im letzten Jahre kaum irgend eine brauchbare Verbesserung erfahren. Wir haben uns nach wie vor des seinerzeit von Lenz[*]) ausgearbeiteten Verfahrens bedient, obwohl mit demselben nur ganz grobe Verfälschungen nachzuweisen sind. Ausserdem bestimmten wir wieder die Säurezahl.

Die folgende Tabelle enthält die gefundenen Werte:

Mel	Nr.	Spez. Gew. Lös. $1+2$	Optisches Verhalten Lös. $1+2$	Säurezahl
	1	1,111	— 7,3⁰	16,80
	2	1,112	— 7,8⁰	16,80
	3	1,114	— 11,7⁰	14,56
crud. Americanum . .	4	1,113	— 5,6⁰	10,08
	5	1,113	— 12,4⁰	16,80
	6	1,112	— 8,4⁰	19,60
	7	1,115	— 10,0⁰	16,80
	8	1,114	— 9,7⁰	17,36

---

*) Repert. f. anal. Chemie 4, 371.

Mel	Nr.	Spez. Gew. Lös. $1+2$	Optisches Verhalten Lös. $1+2$	Säurezahl
	9	1,116	— 8,3⁰	14,28
	10	1,117	— 10,5⁰	16,80
crud. Americanum . .	11	1,119	— 8,1⁰	14,56
	12	1,119	— 6,8⁰	12,88
	13	1,104	— 7,2⁰	22,96
„ Croatic.	14	1,114	— 13,0⁰	14,56
„ Slavon.	15	1,111	— 9,4⁰	10,64
	16	1,112	— 11,4⁰	11,20
	17	1,108	— 8,0⁰	15,80
„ Dalmatin. . . .	18	1,109	— 8,5⁰	17,36
	19	1,105	— 8,9⁰	19,60
	20	1,132	— 10,6⁰	12,32
	21	1,120	— 5,7⁰	18,20
	22	1,115	— 8,2⁰	12,04
„ Germanicum . .	23	1,120	— 7,4⁰	19,60
	24	1,120	— 7,5⁰	19,60
	25	1,103	— 13,0⁰	14,00

Mel	Nr.	Spez. Gew. des Honigs	Optisches Verhalten Lös. $1+2$	Säurezahl
depur. Americanum . .	26	1,362	— 9,3⁰	7,84
	27	1,331	— 7,6⁰	9,52
	28	1,359	— 9,3⁰	7,28
	29	1,359	— 7,2⁰	6,72
„ Germanicum . .	30	1,362	— 8,5⁰	7,28
	31	1,354	— 5,8⁰	11,06
	32	1,345	— 7,7⁰	8,40

Von den untersuchten Honigproben mussten Nr. 13, 17, 18, 19 und 25 als minderwertig bezeichret werden, da das spezifische Gewicht der Lösung unter 1,111 lag. Nr 13 hatte ausserdem eine zu hohe Säurezahl.

Wir geben im folgenden eine Zusammenstellung der in den letzten 6 Jahren für Rohhonig erhaltenen niedrigsten und höchsten Zahlen.

Deutscher Honig:

Jahr	Spez. Gew. der Lösung 1 + 2	Optisches Verhalten der Lösung 1 + 2	Säurezahl
1886	1,106—1,120	6 ⁰ 8′ 12 ⁰ 8′	6,70—25,20
1887	1,110—1,121	6 ⁰ 2′ — 8 ⁰ 8′	1,90— 4,20
1888	1,114—1,120	8 ⁰ 0′ — 11 ⁰ 0′	10,00—28,00
1889	1,109—1,116	6 ⁰ 2′ — 10 ⁰ 6′	9,50—18,40
1890	1,113—1,118	5 ⁰ 0′ — 8 ⁰ 6′	12,30—16,80
1891	1,108—1,132	5 ⁰ 7′ — 13 ⁰ 0′	12,04—19,60
1886—91	1,106—1,132	5 ⁰ 0′ — 13 ⁰ 0′	1,90—25,20

Amerikanischer Honig:

Jahr	Spez. Gew. der Lösung 1 + 2	Optisches Verhalten der Lösung 1 + 2	Säurezahl
1886	1,117—1,145	6 ⁰ 1′ — 8 ⁰ 8′	1,90— 4,20
1887	1,119—1,121	7 ⁰ 4′ — 9 ⁰ 2′	8,90—10,60
1888	1,109	9 ⁰ 0′	22,40
1889	1,111—1,119	5 ⁰ 4′ — 9 ⁰ 8′	9,50—15,70
1890	1,115—1,116	8 ⁰ 6′ — 10 ⁰ 3′	14,00 - 16,80
1891	1,104—1,119	5 ⁰ 6′ — 12 ⁰ 4′	10,08—22,96
1886—91	1,104—1,145	5 ⁰ 4′ — 12 ⁰ 4′	1,90—22,96

Nach dem heutigen Stande der Honiguntersuchung ist es sehr schwer, ja in manchen Fällen fast unmöglich (Zuckerhonig), die Verfälschung eines Honigs mit Stärkesirup oder Invertzucker nachzuweisen. Eine genaue quantitative Bestimmung derartiger Fälschungen ist nach unseren Erfahrungen aber immer unmöglich. Haenle*) soll dem entgegen in zwei Honigproben, von welchen die eine mit 30 ⁰/₀ Stärkesirup und die andere mit 30 ⁰/₀ Rohrzucker vermischt worden war, genau die zugesetzten Mengen dieser Fälschungsmittel bestimmt haben. In der betreffenden Mitteilung sind leider nicht die Methoden angegeben, deren sich Haenle bediente. Durch eine Veröffentlichung derselben würde er sich jedenfalls alle Fachgenossen zu Dank verpflichten.

---

*) Pharmac. Ztg. 73, 568.

Morphin.

Die Frage der Bestimmung des Morphins im Opium dürfte durch die abgekürzte Helfenberger Morphin-Bestimmungsmethode zu einem gewissen Abschluss gelangt sein. Bis heute sind wenigstens von keiner Seite in dieser Richtung neue Gesichtspunkte veröffentlicht worden. Beckurts*) sagte in dem an anderer Stelle schon erwähnten Vortrage auf der Generalversammlung des deutschen Apothekervereins über Morphinbestimmungen:

„Da die Frage nach der Morphinbestimmung im Opium nach den im Laufe der letzten Jahre ausgeführten Untersuchungen bis zu einem gewissen Grade als abgeschlossen gelten darf, indem die von dem Deutschen Arzneibuch aufgenommene, ursprünglich von Dieterich herrührende Methode eine genügend sichere Dosierung des Morphins im Opium gestattet, auch nach dem kürzlich bekannt gegebenen abgekürzten Verfahren desselben Autors in kurzer Zeit ausgeführt werden kann, so haben die übrigen zahlreichen Methoden die von den verschiedensten Seiten empfohlen werden, nur noch ein historisches Interesse." —

Wie wichtig für den praktischen Apotheker eine zuverlässige Morphinbestimmungsmethode ist und wie wenig Anspruch die alte Flückiger'sche Methode auf das Prädikat „zuverlässig" hat, beweist wieder einmal das folgende Vorkommnis:

Von einem österreichischen Apotheker wurde uns vor einiger Zeit ein Opiumpulver, welches von einem der ersten deutschen Drogenhäuser mit einem garantierten Gehalte von 12 $^0/_0$ Morphin bezogen, bei der Revision seiner Apotheke wegen zu geringen Morphingehaltes aber beanstandet worden war, zur Begutachtung zugesandt.

Der betreffende Herr teilte uns noch mit, dass dasselbe Opiumpulver schon einmal vor 2 Jahren aus demselben Grunde beanstandet worden sei. Bei den Revisionen sei jedesmal ein anderes Resultat erhalten worden! Er selbst habe bei genauer Beobachtung der Angaben der österreichischen Pharmakopöe über 10 $^0/_0$ Morphin erhalten!

Die österreichische Pharmakopöe verlangt bekanntlich ein Opiumpulver mit einem Minimalgehalt von 10 $^0/_0$ Morphin. Die von derselben aufgenommene Morphinbestimmungsmethode ist die Flückiger'sche.

*) Apoth.-Ztg. 1891, 79.

Zwei von uns nach der abgekürzten Helfenberger Morphinbestimmungsmethode*) ausgeführte Untersuchungen des Opiumpulvers ergaben die folgenden Resultate:

1) 13,20 %, 2) 13,14 % Morphin.

Das betreffende Opium war demnach nicht nur nicht minderwertig, sondern sogar von sehr guter Qualität.

Olea aetherea.

Die im Jahre 1889 begonnene und im Jahre 1890 fortgesetzte Bestimmung der Wasserzahl (Löslichkeit in verdünntem Alkohol) der ätherischen Öle haben wir im letzten Jahre nicht fortgesetzt, nachdem wir uns überzeugt hatten, dass dieselbe keine Aussicht auf Erfolg habe.

Beim Einkauf der ätherischen Öle ist man in der Hauptsache nach wie vor auf den Geruchssinn und auf die Reellität der Fabrikanten angewiesen.

Oleum Cacao.

Bei der Untersuchung des Kakaoöles erhielten wir die folgenden Zahlen:

Schmelzpunkt	Spez. Gew.	Saurezahl	Jodzahl
29,0 ° C	0,974	11,20	34,48
30,0 ° „	0,974	18,48	34,93
31,0 ° „	0,978	15,68	33,33
33,0 ° „	0,974	12,30	34,65
33,0 ° „	0,975	12,80	34,68

Ein Muster Kakaoöl mit der Jodzahl 27,90 wurde als verdächtig beanstandet.

---

*) Helfenberg. Annalen 1890, 66.

Die Untersuchungen der letzten 5 Jahre ergaben die folgenden niedrigsten und höchsten Werte:

Jahr	Schmelzpunkt	Spez. Gew.	Säurezahl	Jodzahl
1887	30,0—32,0 ° C	0,964—0,976	10,00—23,20	35,60— 37,70
1888	30,0—31,0 ° „	0,976 0,980	8,00—11,10	34,30—34,70
1889	29,0—31,0 ° „	0,972—0,980	11,00—17,00	32,00—35,30
1890	30,0—31,0 ° „	0,970—0,979	11,00—14,56	30,90—33,18
1891	29,0—33,0 ° „	0,974—0,975	11,20—18,48	33,33—34,93
1887—1891	29,0—33,0 ° C	0,964—0,980	10,00—23,20	30,90—37,70

Oleum Olivarum.

In diesem Jahre kamen wieder zahlreiche Proben Olivenöl zur Untersuchung. Bei Oleum Olivar. Prov. lagen die Jodzahlen zwischen
79,50 und 83,39,
bei Ol. Olivar. virid. zwischen
81,30 und 85,44.
Da in allen Fällen die Elaïdinprobe als genügend oder gut bezeichnet werden konnte, so war kein Muster zu beanstanden.

Die in den letzten 4 Jahren als unverfälscht angesprochenen Öle ergaben innerhalb der nachstehenden Werte liegende Jodzahlen:

Ol. Olivar. Prov.

1888 ...... 81,00—84,50,
1889 ...... 81,20—83,20,
1890 ...... 80,10—84,00,
1891 ..... 79,56—83,39.

Ol. Olivar. comm.

1888 ..... 80,00—85,20,
1889 .... 80,70—84,70,
1890 .... 81,50—85,00,
1891 .... 81,30—85,44.

Wir sind nach wie vor der Ansicht, dass die Jodzahl in Verbindung mit der Elaïdinprobe das beste Mittel ist, um eine etwaige Verfälschung des Olivenöles nachzuweisen. Über den Wert der Labiche'schen Methode[*] zum Nachweis von Baumwollensamenöl in ihrer Anwendung auf Olivenöl haben wir uns schon in den vorigen Annalen ausgesprochen.

Zum Nachweis von Sesamöl im Olivenöl wird von Lalande und Tambon[**] das folgende Verfahren vorgeschlagen:

„5,0 ccm farblose Salpetersäure von 1,40 spez. Gew. schüttelt man mit 15,0 ccm des zu untersuchenden Öles zwei Minuten. Eine Gelbfärbung der Säure nach dem Absetzen zeigt schon die Anwesenheit von Sesamöl an. Mit Oliven-, Arachis- und Baumwollensamenöl bleibt die Säure farblos. Die nach dem Absetzen klar gewordene Säure versetzt man mit einer hinreichenden Menge destilliertem Wasser. Die Säure trübt sich mehr oder weniger. Mit reinem Sesamöl erhält man einen weissen flockigen Niederschlag."

Wir haben die vorstehende Probe mit reinem Sesam-, Oliven-, Arachis- und Baumwollensamenöl und mit Gemischen dieser Öle durchprobiert und können die Angaben der Verfasser im allgemeinen bestätigen. Wir halten aber den Nachweis von 2—5 % Sesamöl im Olivenöl durch diese Prüfungsmethode nicht für möglich. Schon bei einem Gehalte von 10—20 % Sesamöl lässt dieselbe oft im Stich. Der Wert der Methode dürfte demnach nur ein sehr geringer sein.

Zum Nachweis eines anderen Fälschungsmittels des Olivenöles, des Arachisöles, soll sich nach Holde[***] das folgende von Renard angegebene Verfahren am besten eignen:

„Man verseift 10,0 g Öl, scheidet die Fettsäuren mit Salzsäure ab, löst dieselben in 90 % Alkohol und fällt mit Bleizucker. Den Niederschlag zieht man zur Entfernung des ölsauren Bleis mit Äther aus und zerlegt den aus palmitin- und arachinsaurem Blei bestehenden Rückstand mit Salzsäure. Die Fettsäuren löst man in 50,0 ccm 90 % Weingeist in der Wärme. Die nach dem Erkalten ausgeschiedene Arachinsäure filtriert man ab, wäscht zuerst mit 90 % und dann mit 70 % Alkohol. Man löst die auf dem Filter befindliche Säure in heissem Alkohol und verdampft die Lösung in einer

[*] Helfenb. Annalen 1890, 80.
[**] Journ. Pharm. Chim. 1891, 234 d. Ph. Ztg. 154.
[***] Chemik. Zeitg. 1891. Rep. 228.

gewogenen Schale. Das Gewicht des Rückstandes ergiebt unter Berücksichtigung der in dem Waschalkohol gelösten Säure die gesamte im Öl enthaltene Arachinsäure. Der Schmelzpunkt des Rückstandes muss bei $70-71^0$ liegen.‟

Holde hat nach dieser Methode bei einem Gehalte von $5-10\ ^0/_0$ Arachisöl im Olivenöl noch Arachinsäure durch den Schmelzpunkt nachweisen können, wenn er statt 10,0 g Öl, 40,0 g in Arbeit nahm.

Nach unseren Erfahrungen lässt sich die Arachinsäure aus einem mit $20\ ^0/_0$ Arachisöl verfälschten Olivenöl mit Leichtigkeit auf die oben angegebene Weise isolieren. Bei einem Gehalte von $10\ ^0/_0$ Arachisöl erreichte die Fettsäure erst nach häufigerem Umkrystallisieren einen zwischen 70 und 71^0 liegenden Schmelzpunkt.

Enthielt das Olivenöl nur $5\ ^0/_0$ Arachisöl, so war es selbst bei Verarbeitung von 40,0 g nicht möglich, mit Sicherheit die Gegenwart von Arachinsäure festzustellen; um dies zu erreichen, mussten wir $60.0-80,0$ g in Arbeit nehmen.

Pix liquida.

Das Deutsche Arzneibuch III sagt vom Holzteer:

„Schüttelt man Holzteer kräftig mit 10 Teilen Wasser, so sinkt er unter.‟

Es will mit diesen Worten jedenfalls ausdrücken, dass der Holzteer schwerer sein muss als Wasser. Das letztere ist mit demselben aber durchaus nicht gesagt. Schüttelt man Holzteer mit Wasser, so nimmt er mehr oder weniger viel Luftblasen auf. Infolgedessen schwimmt fast jeder Teer nach dem Schütteln zunächst auf dem Wasser. In manchen Fällen sinkt er erst nach längerer Zeit oder erst dann unter, wenn man die Mischung erwärmt hat. Auf diese Weise kann es leicht passieren, dass ein Teer von der einen Seite als probehaltig, von der anderen dagegen als nicht probehaltig bezeichnet wird. Wir möchten uns daher den Vorschlag erlauben, die obigen Worte des Arzneibuches in nachstehender Weise zu ändern:

„Giesst man Holzteer in Wasser, so sinkt er sofort unter.‟

Pulpa Tamarindorum.

Auch in diesem Jahre haben wir die Untersuchung der Pulpa in der bekannten Weise fortgesetzt. Wir erhielten die folgenden Zahlen:

Pulpa	% Wasser	% Säure	% Zucker	% Cellulose	% Asche	% Extraktiv- und Farbstoff
depurata	42,20	9,00	38,20	2,85	2,10	5,65
	36,60	9,68	44,78	3,07	1,80	4,07
	35,10	9,98	45,60	3,35	2,00	3,97
	35,65	9,00	47,25	3,40	1,80	2,90
depurata conc.	21,50	11,62	55,97	3,35	2,05	6,51
	18,45	12,38	60,05	3,70	1,90	3,52
	15,55	12,75	60,38	4,05	2,25	5,02
				%Extrakt		
cruda	—	15,93	20,60	54,65	—	—
	—	12,18	24,52	50,10	—	—
	—	10,17	26,27	47,75	—	—

In den letzten 5 Jahren erhielten wir die nachstehenden niedrigsten und höchsten Werte:

Jahr	Pulpa	% Wasser	% Säure	% Zucker	% Cellulose	% Asche	% Extraktiv- und Farbstoff
1887	depurata	39,50—45,26	9,75—10,50	33,30—38,30	3,32—3,50	—	—
1888	„	34,10—41,60	10,10—10,80	35,70—40,00	3,65—4,00	—	—
1889	„	40,25—42,90	10,12—11,25	37,00—40,90	3,30—4,35	1,95—2,15	1,05—1,38
1890	„	38,40—43,10	10,12—11,25	36,30—39,60	3,20—4,55	2,00—2,50	4,03—6,13
1891	„	35,10—42,20	9,00—9,98	38,20—47,25	2,85—3,40	1,80—2,10	2,90—5,65
1887	dep. conc.	22,70—26,60	11,25—13,50	41,60—47,60	4,27—5,70	—	—
1888	„	26,80—32,30	13,10	39,20—45,40	4,20—5,00	—	—
1889	„	23,60—29,85	12,00—13,10	43,00—55,11	4,45—4,80	2,60—2,85	2,44—5,46
1890	„	21,25—26,05	12,00—12,75	49,40—51,90	4,35—4,75	2,40—2,97	4,88—7,90
1891	„	15,55—21,50	11,62—12,75	55,97—60,38	3,35—4,05	1,90—2,25	3,52—6,51
					% Extrakt		
1887	cruda	—	12,15	23,80	50,10	—	—
1888	„	—	11,20—13,12	19,50—21,50	45,15—56,45	—	—
1889	„	—	8,62—12,15	23,10—24,50	45,40—52,25	—	—
1890	„	—	10,87—15,22	18,10—26,00	46,70—57,20	—	—
1891	„	—	10,17—15,93	20,60—26,27	47,75—54,65	—	—

Pulveres.

Die Untersuchung der Pulver erstreckte sich auch in diesem Jahre wieder auf die Bestimmung des Wassers, der Asche und des Kaliumkarbonats in der Asche.

Wir erzielten die nachstehenden Daten:

Pulvis	% Wasser	% Asche	Kaliumkarbonat in 100 Asche
Cantharid officin. . .	5,45	8,40	—
„ „ . . .	15,60	6,40	—
„ chin. . . .	10,90	5,05	—
flor. Chrysanthemi. .	7,80	8,00	28,00
„ „ . .	9,30	7,32	31,32
fol. Senn. Alexandr. .	9,30	16,10	7,21
„ „ „ .	7,67	16,37	7,37
„ „ „ .	7,35	15,95	9,73
„ „ Tinev. . .	7,80	14,00	12,28
„ „ „ . .	6,57	10,67	21,83
herb. Belladonnae . .	6,50	13,75	33,21
„ „ . . .	12,12	8,80	23,92
„ Conii	12,80	13,85	34,74
„ Digitalis	13,57	7,95	42,10
„ „	5,85	8,80	47,00
„ Hyoscyami . .	8,10	24,70	32,79
„ „ . . .	10,02	20,15	39,90
„ Meliloti c. flor.	13,55	18,55	—
rad. Iridis	10,52	3,67	32,86
„ Liquiritiae . . .	10,12	5,40	—
„ „	5,25	6,43	—
„ Rhei	4,80	7,80	28,74
„ „	4,57	9,32	21,83
sem. Foeniculi	11,75	8,70	25,78

Die nachfolgende Tabelle enthält die niedrigsten und höchsten Zahlen, welche wir in den letzten 4 Jahren erhalten haben.

Pulvis	$^0/_0$ Wasser	$^0/_0$ Asche	Kaliumkarbonat in 100 Asche
Cantharid. officin. . . .	5,00—15,60	5,50— 8,50	—
flor. Chrysanthemi . .	5,55—12,70	6,10— 8,00	13,92—35,27
fol. Senn. Alexand. .	5,05—10,50	10,05—16,37	Spuren—15,70
„ „ Tinev. . . .	4,20—10,95	9,90—12,50	10,40—21,83
herb. Belladonnae . .	6,50—12,25	8,80—13,75	18,10—41,67
„ Conii	6,20—14,50	12,50—14,50	12,20—34,74
„ Digitalis	3,80—13,57	7,20— 9,05	26,04—47,97
„ Hyoscyami. . .	6,05—10,02	19,05—28,60	22,05—39,90
„ Meliloti c. flor.	6,25—13,55	6,15—18,55	—
rad. Althaeae. . . .	5,15—9,95	4,80— 6,05	7,08—17,02
„ Iridis	3,60—10,52	3,35— 4,90	21,02—32,86
„ Liquiritiae . . .	3,90—11,30	5,20— 6,55	—
„ Rhei	4,45—10,05	7,80—13,40	Spuren—28,74
Secal. cornut.	4,57—14,50	5,05— 9,32	Spuren—21,83
sem. Foeniculi	9,95—13,55	7,95— 9,05	Spuren—25,78

Trotz der ziemlich bedeutenden Schwankungen der Asche und des Kaliumkarbonats in der Asche bei ein und demselben Pulver dürfte es immerhin möglich sein, durch eine quantitative Bestimmung dieser Bestandteile gröberen Verfälschungen auf die Spur zu kommen.

Sapones.

Bei der Fabrikation der medizinischen Seife machten wir im letzten Jahre die auffällige Beobachtung. dass ein wiederholtes Aussalzen der Seife nicht nur das freie Alkali vermindere, sondern auch die freien Fettsauren bedeutend vermehre. So fanden wir zum Beispiel in einer Seife. welche nach dem ersten Aussalzen

$$0,30 \,^0/_0 \text{ freies Alkali und}$$
$$0.56 \,^0/_0 \text{ freie Fettsäuren}$$

zeigte. nach wiederholtem Aussalzen

$$0.19 \,^0/_{,,} \text{ freies Alkali und}$$
$$2.25 \,^0/_0 \text{ freie Fettsäuren.}$$

Die Ursache dieser Erscheinung glaubten wir zunächst in dem zum Aussalzen angewandten Chlornatrium suchen zu müssen, da, wie wir schon früher mitgeteilt haben.*) im Handel Chlornatrium existiert. welches an Alkohol einen Körper mit sauren Eigenschaften abgiebt.

Eine diesbezügliche Untersuchung belehrte uns aber sehr bald, dass dem zum Aussalzen verwendeten Chlornatrium diese Eigenschaft nicht zukam, und dass die Vermehrung der Fettsäuren demnach durch das Aussalzen selber bewirkt werden musste.

Die Richtigkeit dieser Vermutung beweisen die folgenden Versuche, welche mit ein und derselben Seife ausgeführt wurden:

	$^0/_0$	$^0/_0$
	freies Alkali	freie Fettsäuren
einmal ausgesalzen	0,67	1,97
zweimal „	1.17	4,79
dreimal „	1,34	5,35

Die vorstehenden Zahlen dürften zur Genüge beweisen, dass beim Aussalzen der Seife eine teilweise Spaltung des fettsauren Alkalis in freies Alkali und freie Fettsäuren oder saures fettsaures Alkali stattfindet, und dass durch wiederholtes Aussalzen die freien Fettsäuren bedeutend vermehrt werden.

Aber nicht nur wiederholtes sondern auch heisses Aussalzen oder eine Verdünnung der wässrigen Seifenlösung bewirken eine Vermehrung der freien Fettsäuren, wie die bei den nachstehenden Versuchen erhaltenen Daten beweisen.

---

*) Helfenb. Annalen 1893, 87.

I. Wir lösten **1,0** g medizinische Seife in **30,0** ccm heissem Wasser, salzten mit Chlornatrium heiss aus, filtrierten heiss und wuschen die ausgesalzene Seife mit **20,0** ccm heisser, gesättigter Chlornatriumlösung aus. Bei der Bestimmung der freien Fettsäuren und des freien Alkalis verfuhren wir dann weiter in der seiner Zeit von uns angegebenen Weise.

    1. 2,67 $\%$ freie Fettsäuren,   0,56 $\%$ freies Alkali,

    2. 2,82 $\%$ „   „   ,   0,58 $\%$ „   „ ·

II. Verfahren wie bei I. Statt **30,0** ccm nahmen wir aber **60,0** ccm Wasser zum Lösen der Seife.

    1. 4,37 $\%$ freie Fettsäuren,   0,72 $\%$ freies Alkali,

    2. 4,08 $\%$ „   „   ,   0,75 $\%$ „   „ ·

III. Wir salzten erst nach dem Erkalten der Seifenlösung aus und wuschen die ausgesalzene Seife mit kalter Chlornatriumlösung. Sonst wie bei I.

    1. 0,99 $\%$ freie Fettsäuren,   0,196 $\%$ freies Alkali,

    2. 1,13 $\%$ „   „   ,   0,210 $\%$ „   „ ·

IV. Ausführung wie bei III. Wir lösten die Seife aber nicht in **30,0**, sondern in **60,0** ccm Wasser.

    1. 2,12 $\%$ freie Fettsäuren,   0,252 $\%$ freies Alkali,

    2. 2,04 $\%$ „   „   ,   0,252 $\%$ „   „ ·

Auf Grund der obigen Resultate sehen wir uns genötigt, das Aussalzverfahren aufzugeben.

Die übereinstimmenden Zahlen, welche wir seiner Zeit bei der Aufstellung der Aussalzmethode erhielten, dürften dadurch zu erklären sein, dass wir immer unter den gleichen Bedingungen arbeiteten.

Die wechselnden Resultate, welche Geissler*) nach demselben Verfahren erhielt, dürften auch wohl auf die obige Ursache zurückzuführen sein. Wir bestimmen jetzt in den Seifen das Gesamtalkali nach der von Geissler angegebenen Methode. Nur insofern haben wir uns eine Aenderung erlaubt, als wir nicht **10,0** g Seife, sondern nur **1,0** g und nicht Normalsalzsäure, sondern $^{1}/_{10}$-Normalschwefelsäure verwenden. Wir geben der so geänderten Untersuchungsmethode die folgende Fassung:

       Man löst **1,0** g Seife in **30,0** ccm 96 $\%$ Alkohol, setzt **5,0** ccm $^{1}/_{10}$-Normalschwefelsäure hinzu und erwärmt so lange, bis sich keine Kohlensäure mehr entwickelt. Der wieder-

---

*) Pharm. Centralh. 1889, 671.

erkalteten Lösung setzt man 2 Tropfen Phenolphtaleïnlösung und soviel $\frac{1}{10}$-Normalkalilauge hinzu, dass eine Rotfärbung eintritt.

Die folgende Zusammenstellung enthält die Zahlen. welche wir mit dieser Untersuchungsmethode erzielten:

$^0/_0$ Gesamtalkali

Sapo medicatus	0,84		Sapo kalinus ad Spir. sap.	1,40
	0,14			1,26
	1,26			1,17
	0,84			1,51
	0,58			1,51
	0,70			1,71
	0,56		Sap. kalin. D. A. III	0,84
	0,42			0,42
	0,39			0,34
Sapo oleïnicus	0,84		Sap. stearinc.	0,98
	0,72			0,49
	0,39			0,73

Sebum.

Die in diesem Jahre untersuchten Talgproben lieferten nachstehende Werte:

	Schmelzpunkt	Säurezahl	Jodzahl
Sebum ovile	48,0 ⁰ C	2,01	35,61
	47,5 ⁰ C	2,07	39,69
	47,5 ⁰ C	0,75	35,99
	48,5 ⁰ C	0,93	—
	48,5 ⁰ C	1,12	38,25

Sebum bovinum kam nicht zur Untersuchung.

Wir lassen die niedrigsten und höchsten Zahlen, welche wir in den letzten 4 Jahren bei den Talguntersuchungen erhalten haben, hier folgen:

Sebum	Jahr	Spez. Gew. b. 90° C	Schmelzpunkt	Säurezahl	Jodzahl
bovinum	1888	0,894	47,0 ° C	1,10	35,60—37,50
	1889	0,895	47,0 ° C	1,10	35,70—36,90
	1890	—	45,0—48,0 ° C	1,10—1,70	35,30—39,30
	1891	—	—	—	—
		0,894—0,895	45,0—48,0 ° C	1,10—1,70	35,30—39,30
ovile ..	1888	0,894—0,896	47,0—49,0 ° C	0,80—1,70	34,30—37,40
	1889	0,892—0,896	47,0—49,0 ° C	1,10—5,00	34,80—37,70
	1890	—	48,0—49,0 ° C	0,50—1,40	34,10—38,10
	1891	—	47,5—48,5 ° C	0,93—2,07	35,61—39,69
		0,892—0,896	47,0—49,0 ° C	0,50—5,00	34,10—39,69

Semen Hyoscyami.

Eine Mitteilung von F. Ransom*), nach welcher der trockne Samen von zweijährigen Hyoscyamuspflanzen nur $0,58\ ^0/_{00}$ Alkaloide enthielt, veranlasste uns, einen Hyoscyamussamen, der von einem der ersten Drogenhäuser bezogen worden war. in der gleichen Richtung zu untersuchen. Diese Untersuchung ergab zu unserem Erstaunen nur $0,42\ ^0/_{00}$ Alkaloide.

Da uns leider alle Angaben über das Alter der Samen und über das Alter der Pflanzen, von welchen sie stammen, fehlen, so werden wir dieselbe Bestimmung mit Samen von selbstangebauten Pflanzen nochmals ausführen. Das Obige möge daher nur als vorläufige Mitteilung betrachtet werden.

*) The Chem. and Drugg. 1891, 592 p. 285, durch Apth.-Ztg. 1891, 636.

Tincturae.

Tinkturen kamen im letzten Jahre sehr häufig zur Untersuchung. Wir erhielten die folgenden Zahlen:

Tinctura	Spez. Gew.	% Trocken-rückstand	% Asche	Säurezahl	% Alkaloide
Absinthii	0,904	2,49	0,36	—	—
„	0,908	3,13	0,13	22,38	—
Aconiti	0,903	1,85	0,08	4,20	—
„	0,900	1,45	0,06	5,60	—
Aloës comp. . . .	0,907	3,80	0,06	—	—
„ „ . . .	0,907	3,54	0,08	—	—
„ „ . . .	0,907	3,51	0,09	—	—
„ „ . . .	0,905	2,39	0,07	—	—
amara	0,917	5,40	0,15	12,60	—
„	0,916	5,41	0,17	16,80	—
„	0,918	5,36	0,16	22,30	—
„	0,912	5,38	0,23	22,40	—
Arnicae	0,904	2,11	0,18	19,60	—
„	0,902	2,21	0,23	15,40	—
„	0,905	2,08	0,19	15,68	—
„	0,904	2,12	0,12	17,90	—
Arnic. dupl. . . .	0,911	3,91	0,33	30,80	—
„ „ . . .	0,904	3,23	0,25	31,53	—
„ „ . . .	0,908	3,22	0,28	22,96	—
aromatica	0,905	2,14	0,11	16,80	—
„	0,904	1,90	0,14	9,85	—
„	0,903	1,50	0,09	13,90	—
„	0,904	1,77	0,14	12,42	—
Aurantii	0,920	6,63	0,16	30,80	—
„	0,921	6,85	0,22	25,76	—
„	0,923	6,52	0,23	27,44	—
Benzoës officin. .	0,872	13,48	0,02	75,60	—
„ „ .	0,880	14,86	0,01	104,16	—

Tinctura	Spez. Gew.	% Trocken-rückstand	% Asche	Säurezahl	% Alkaloide
Benzoës venal. .	0,877	15,87	0,00	72,80	—
„ „ .	0,878	15,56	0,01	96,60	—
„ „ .	0,878	15,42	0,01	92,40	—
Calami	0,909	4,00	0,18	11,20	—
„	0,908	3,25	0,20	13,44	—
Cantharidum . .	0,838	1,62	0,10	13,40	—
Capsici	0,844	1,92	0,12	—	—
Catechu	0,918	7,31	0,08	—	—
„	0,939	11,52	0,12	—	—
Chinae	0,917	5,55	0,09	—	—
„	0,916	5,50	0,12	—	—
„	0,915	5,03	0,11	—	—
Chinae comp. . . .	0,919—0,924	5,93—6,68	0,11—0,15	—	—
Chinioïdini	0,932	11,89	0,17	—	—
„	0,925	9,64	0,09	—	—
Cinnamomi . . .	0,902—0,905	1,71—2,12	0,04—0,07	- -	—
Colchici	0,898	0,65	0,08	2,80	—
Colocynthidis . .	0,844	0,81	0,01	2,24	—
Croci	0,915	5,37	0,26	—	—.
Digital D. A. III	0,932	1,96	0,27	14,07	—
„ aeth. . .	0,818	2,16	0,03	—	—
„ „ . .	0,819	2,05	0,04	—	—
Galangae	0,905	2,31	0,21	—	—
Gallarum	0,953—0,955	13,51—16,12	0,13—0,22	—	—
Gentianae	0,924	8,12	0,09	14,00	- -
„	0,928	8,36	0,05	15,70	—
„	0,914	4,41	0,05	12,32	—
Guajaci	0,871	12,81	0,02	31,92	—
Hellebori virid. .	0,903	1,75	0,05	10,36	—
Ipecacuanhae . .	0,901	1,41	0,08	6,78	—
„ . .	0,902	1,98	0,06	7,84	—
Kino	0,849	3,25	0,02	—	—
Lobeliae	0,900	1,35	0,17	7,00	—
Myrrhae	0,852	7,19	0,01	—	—

Tinctura	Spez. Gew.	$^0/_0$ Trocken-rückstand	$^0/_0$ Asche	Säurezahl	$^0/_0$ Alkaloide
Opii benzoïca . .	0,902	0,57	0,03	94,72	—
„ „ . .	0,902	0,55	0,02	100,24	—
„ „ . .	0,902	0,46	0,02	95,76	—
„ crocata . . .	0,983	4,93	0,18	—	1,04
„ „ . . .	0,982	6,42	0,29	—	1,19
„ „ . . .	0,982	6,84	0,31	—	1,19
„ simplex . .	0,975—0,978	4,76—5.54	0,13—0,20	—	1,11—1,22
Pimpinellae . . .	0,907	3,60	0,13	7,00	—
„ . . .	0,912	4,41	0,03	10,51	—
„ . . .	0,910	4,15	0,17	8,40	—
Pini comp . . .	0,910	3,85	0,12	19,60	—
„ „ . . .	0,909	3,58	0,10	22,90	—
Ratanhiae	0,922	6,76	0,05	—	—
„ . . .	0,923	7,14	0,07	—	—
Rhei vinosa . . .	1,048—1,058	18,42—21,50	0,47—0,57	—	—
Scillae	0,946	12,48	0.14	5.50	—
Spilanthis comp.	0,912	4,52	0,77	29,68	—
Strophanti . . .	0,900	1,43	0,12	5,60	—
„	0,908	2,05	0,20	9,75	—
Strychni	0,898	1,24	0,03	8,40	—
„	0,899	1,18	0,02	8,40	0,25
„	0,900	1,28	0,05	11,02	0,24
„	0,899	1,24	0,04	10,00	0,24
Valerianae	0,903—0,909	2,57—3,41	0,09—0,14	8,40—14,56	—
„ aeth. .	0,815 0,827	1,20—2,34	0,005—0,01	7,00—16,80	—
Vanillae	0,922	4,57	0,29	—	—
Veratri	0,901	1,75	0,07	5,60	—
„	0,903	1,35	0,04	8,40	—
Zingiberis	0,899	1,17	0,13	2,80	—
„	0,903	1,20	0,20	1,40	—
„	0,905	1,21	0,16	1,68	—

Die nachstehende Tabelle enthält die niedrigsten und höchsten Zahlen der letzten 6 Jahre:

Tinctura	Spez. Gew	% Trocken-rückstand	% Asche	Säurezahl	% Alkaloide
Absinthii	0,903—0,908	2,50— 3,28	0,33 — 0,62	19,6— 25,2	—
Aconiti	0,900—0,910	1,45— 3,12	0,05 —0,10	4,2— 14,0	—
Aloës	0,884—0,894	12,41—15,87	0,06 —0,10	—	—
„ comp.	0,905—0,912	2,39— 3,80	0,02 —0,09	—	—
amara	0,912—0,919	4,60— 5,94	0,10 —0,23	12,6— 28,0	—
Arnicae	0,898—0,910	1,10— 2,24	0,10 —0,23	12,2— 19,6	—
„ dupl	0,901—0,919	2,70— 4,31	0,20 —0,36	22,4— 36,4	—
aromatica	0,900—0,906	1,80— 2,15	0,07 — 0,16	9,8— 19,6	—
Asae foetidae	0,840—0,870	4,18—10,32	0,005—0,02	22,4— 42,0	—
Aurantii	0,917—0,928	5,40— 7,25	0,07 —0,23	22,4— 30,8	—
Benzoës offic	0,872—0,885	13,48—16,93	0,00 —0,02	75,6— 184,8	—
„ venal	0,871—0,883	12,50—15,87	0,00 —0,04	70,0— 98,0	—
Calami	0,908—0,917	3,25— 5,51	0,11 —0,20	5,6— 14,0	—
Cannabis	0,840—0,841	4,45— 4,82	0,03 —0,04	—	—
Cantharidum	0,828—0,841	1,52— 2,46	0,03 —0,10	12,6— 28,0	—
Capsici	0,834—0,844	0,92— 1,92	0,04 —0,12	8,4— 16,8	—
Catechu	0,918—0,939	7,31—11,52	0,07 —0,14	—	—
Chinae	0,908—0,920	3,04— 6,90	0,04 —0,12	—	—
„ comp.	0,910—0,924	4,60— 7,01	0,07 —0,15	—	—
Cinnamomi	0,901—0,911	1,71— 2,23	0,02 —0,07	—	—
Colchici	0,898—0,905	0,55— 1,71	0,01 —0,08	2,8— 8,4	—
Colocynthidis	0,838—0,847	0,81— 1,60	0,01 —0,03	2,2— 4,9	—
Digitalis aether.	0,815—0,819	1,73— 2,16	0,03 —0,04	—	—
Galangae	0,905	2,31— 2,58	0,15 —0,21	—	—
Gallarum	0,949—0,958	11,40—16,12	0,08 —0,22	—	—
Gentianae	0,917—0,926	5,90— 8,12	0,04 —0,09	14,0— 16,8	—
Guajaci	0,871	12,81	0,02	31,92	—
Hellebori virid	0,903	1,75	0,05	10,36	—
Ipecacuanhae	0,901—0,909	1,41— 1,98	0,05 —0,08	6,7— 11,2	—
Kino	0,849	3,25	0,025	—	—
Lobeliae	0,898—0,905	1,22— 1,91	0,15 —0,17	7,0— 11,2	—
Myrrhae	0,843—0,852	4,11— 7,19	0,005—0,01	8,4— 16,8	—
Opii benzoïca	0,895—0,903	0,44— 0,59	0,01 —0,03	95,2— 100,8	—

Tinctura	Spez. Gew.	% Trocken-rückstand	% Asche	Säurezahl	% Alkaloide
Opii crocata	0,981—0,937	4,94— 6,78	0,18 —0,31	—	0,90—1,27
„ simplex	0,975—0,979	4,00— 5,81	0,10 —0,21	—	1,11—1,51
Pimpinellae	0,903—0,913	2,79— 4,41	0,03 —0,17	5,6—14,0	—
Pini composita	0,904—0,910	3,58— 4,16	0,08 —0,12	14,0—30,8	—
Ratanhiae	0,910 - 0,923	3,80— 7,14	0,04 —0,07	—	—
Rhei vinosa	1,044 - 1,067	18,42—21,50	0,45 —0,65	—	—
Scillae	0,940—0,951	11,33—14,25	0,09 —0,14	3,8—42,0	—
Spilanth. comp.	0,912—0,916	4,35— 5,13	0,77 —0,92	20,0—42,0	—
Strophanti	0,899—0,908	1,39— 2,05	0,08 —0,20	5,6— 9,7	—
Strychni	0,896—0,909	1,13— 1,58	0,005—0,06	8,4—14,0	0,24—0,30
Valerianae	0,903—0,918	2,57— 4,90	0,07 —0,16	8,4—16,8	—
„ aether.	0,814—0,827	1,20— 2,31	0,00 —0,02	7,0—16,8	—
Vanillae	0,922	4,57	0,29	—	—
Zingiberis	0,896—0,900	0,75 — 1,27	0,10 —0,20	1,4— 5,6	—

Die in der vorstehenden Tabelle enthaltenen Werte schwanken zum Teil nicht unbedeutend unter einander. Dies gilt besonders für die Säurezahl. Berücksichtigt man aber, dass sich diese Untersuchungsresultate auf einen Zeitraum von 6 Jahren verteilen, so wird man zugeben müssen, dass es sehr wohl möglich ist, auf Grund des spez. Gew., des Trockenrückstandes und der Asche zu entscheiden, ob eine Tinktur vorschriftsmässig bereitet ist oder nicht. In erster Linie dürfte hierfür das Verhältnis des Trockenrückstandes zum spez. Gew. in Betracht kommen.

Die Verfasser des Hirsch-Schneider'schen Kommentars geben folgende Untersuchungsmethode für Tinkturen an:

„Man bringt 1,0 ccm Tinktur in ein trockenes Reagensglas, lässt Tropfen für Tropfen Wasser einfallen, bis eine Trübung eintritt."

Nach den Angaben der Verfasser „sind die Erscheinungen auffällig genug, um das Urteil über normale oder abnorme Beschaffenheit einer Tinktur auf einen objektiveren Boden zu stellen."

Um uns selber ein Urteil bilden zu können, haben wir zunächst alle Tinkturen unseres Lagers in der angegebenen Weise geprüft. Ausserdem haben wir bei einer jeden Tinktur, welche seit April des letzten Jahres zur Untersuchung kam, dieselbe Probe ausgeführt.

Wir erhielten die nachstehenden Resultate:

1,0 ccm Tinktur erforderte x ccm Wasser zur Trübung.

Tinct. Absinthii	0,20	0,20			
„ Aconiti	0,40	0,75			
„ Aloës	etwa 6,0 ccm, Übergang sehr undeutlich.				
„ „ compos. .	Trübung nicht zu bemerken.				
„ amara	0,25	0,20	0,15		
„ Arnicae	0,20	0,30	0,20		
„ „ dupl. . .	0,15	0,10	0,15		
„ aromatica	0,35				
„ Asae foetidae .	0,60				
„ Aurantii	0,10	0,10	0,15		
„ Benzoës officin.	0,15	0,40			
„ „ venal. .	0,10	0,20	0,20		
„ Calami	0,10	0,10			
„ Cannabis Indicae	0,05				
„ Cantharidum . .	0,05	0,10			
„ Capsici	0,05				
„ Cascarillae . .	0,05				
„ Chinae	0,60				
„ „ comp. . .	0,60	0,30	0,45	0,45	0,25
„ Cinnamomi . . .	0,40	0,60			
„ Colchici	0,25	0,35			
„ Colocynthidis . .	0,05				
„ Croci	0,20				
„ Digitalis aetherea	0,35	0,30	0,35		
„ Euphorbii . . .	0,05				
„ Galangae	0,25	0,30			
„ Gallarum	0,60				
„ Gentianae	0,35	0,55	0,60		
„ Guajaci	0,10				
„ Hellebori viridis	0,15	0,20			
„ Ipecacuanhae . .	0,50	0,65	0,55		
„ Lobeliae	bei etwa 0,30 geringe Trübung.				
„ Macidis	0,05				
„ Myrrhae	0,15	0,15			
„ Opii benzoïca .	0,40	0,55	0,45	0,65	

1.0 ccm Tinktur erforderte x ccm Wasser zur Trübung.

Tinct. Pimpinellae . . .	0,30	0,30	0,25	
„ Pini composita .	0,15	0,20		
„ Ratanhiae	0,40			
„ Resinae Jalapae	0.25			
„ Scillae	0.60			
„ Spilanthis comp.	0.10	0,15		
„ Strophanti . . .	0,60	0,30		
„ Strychni	0,25	0.25	0,25	
„ „ aeth. .	0,05			
„ Valerianae . . .	0.30	0,35	0,40	0,30
„ „ aeth.	0,20	0.50	0,20	
„ Vanillae	0.30	0,30		
„ Veratri	0.30	0,60		
„ Zingiberis	0,05	0,15		

Auf Grund der vorstehenden Zahlen müssen wir den Wert des von Schneider und Hirsch angegebenen Untersuchungsverfahren mindestens für sehr zweifelhaft erklaren.

Unguentum Hydrargyri cinereum.

M. J. A. Battandier*) veröffentlichte seinerzeit die nachstehenden beiden Methoden zur Bestimmung von Quecksilber in solchen Salben, welche Wachs enthalten.

I. „10,0 g Salbe kocht man mit Salpetersäure bis zur vollständigen Lösung des Quecksilbers. Nach dem Erkalten trennt man das Fett von der Quecksilberlösung. Um das Fett vollständig vom anhaftenden Quecksilber zu befreien, brüht man es noch einigemale mit destilliertem Wasser ab. Die quecksilberhaltigen Flüssigkeiten vereinigt man und fällt das Quecksilber mit Kalilauge. Den aus Quecksilberoxyd und Quecksilberoxydul bestehenden Niederschlag sammelt man, trocknet und wiegt. Bei der Berechnung nimmt man an, dass der ganze Niederschlag aus Oxyd besteht."

II. „Man erwärmt 10,0 Salbe mit 30,0—40,0 Mandelöl bis zur Lösung des Fettes. Das Quecksilber sammelt sich pulverförmig auf dem Grunde des Gefässes. Sobald das Öl durchsichtig geworden ist, lässt man erkalten. Darauf giesst man, nachdem sich alles Quecksilber abgesetzt hat, das Öl von dem Bodensatze ab, behandelt den letzteren zunächst mit kochendem Benzin und dann mit Äther. Das Quecksilber trocknet und wiegt man."

Um uns ein sicheres Urteil über die Zuverlässigkeit der beiden vorstehenden Methoden bilden zu können, haben wir mit einer $33^{1}/_{3}$ % Queksilbersalbe je 3 Bestimmungen nach jeder der oben angegebenen und der von uns ausgearbeiteten Methode**) ausgeführt.

Wir erhielten die folgenden Werte:

	Helfenberger	I.	II.
	% Hg	% Hg	% Hg
1.	32,0	31,53	31,71
2.	32,3	31,43	31,64
3.	32,2	31,41	31,92

---

*) Apotheker-Zeitung 1891, 167.
**) Helfenb. Annalen 1888, 150.

Auf Grund der vorstehenden Zahlen können wir die beiden neuen Methoden als brauchbar bezeichnen und für solche Fälle empfehlen, in welchen die Entfernung des Salbenkörpers mit Äther unmöglich ist. Sobald dies aber nicht der Fall ist, ist das hiesige Verfahren unter allen Umständen vorzuziehen, da man mit demselben genauere Resultate erhält und in dem dritten Teile der Zeit zum Ziele gelangt.